猛威をふるう「ウイルス・感染症」にどう立ち向かうのか

監修
河岡義裕／今井正樹
東京大学医科学研究所感染・免疫部門ウイルス感染分野

ミネルヴァ書房

はじめに

ウイルスとパンデミック

東京大学医科学研究所感染・免疫部門ウイルス感染分野教授

河岡 義裕

ウイルスや細菌など病原性微生物による感染症は数多くあります。なかには、地球的規模で世界的に大流行する感染症もあります。「パンデミック（pandemic）」という言葉は、ギリシャ語の「pan（すべて）」と「demos（人々）」に由来し、「すべての人々」に感染するということを意味し、感染症の世界的大流行を指すようになりました。歴史に残るパンデミックといえば、古くは中世に発生したペストと天然痘が有名でしょう。

近代以降は、抗生物質の開発など医療の進歩によって細菌が起こす感染症の大流行は影を潜め、パンデミックの主役はウイルスになりました。

20世紀になってから発生したパンデミックは、1918年流行の「スペイン風邪」、1957年流行の「アジア風邪」、1968年流行の「香港風邪」です。これらはどれもインフルエンザウイルスが原因です。

21世紀になってからは、まだ記憶に新しい2009年の新型インフルエンザの世界的大流行がありました。WHO（World Health Organization：世界保健機関）が「パンデミック宣言」を出しています。

ひとたびパンデミックが発生すれば、全世界で数千万人以上の犠牲者が出るでしょう。インフルエンザウイルスにはそれだけの感染力（伝播力）があるということです。

■ウイルスとは何か

ウイルスと聞いてどんな微生物か、すぐにわかる人は多くないかもしれません。ウイルスは細菌よりも小さく、地球上で最も小さい微生物です。その平均的な大きさは細菌の10分の1から100分の1ぐらいで、その姿は光学顕微鏡では見えず、電子顕微鏡でなければその形状を見ることはできません。

ウイルスの構造も特殊です。遺伝子（DNAまたはRNA）とそれを包む殻の2つのパーツしかないという単純な構造で、自分自身では成長もできず、増殖もできません。「生物」というより「物質」に近いように見えます。増殖するためには、細菌であれヒトであれ、他の生物の「細胞」に感染しなければなりません。感染した宿主の細胞内で、その細胞の材料を借りて、ウイルス自身の複製をせっせとつくるのです。地球上ではきわめて特殊な生命体です。

■ウイルス感染症の脅威

地球上にどれほどのウイルスが存在するのか、誰にもわかりません。有害なウイルスも

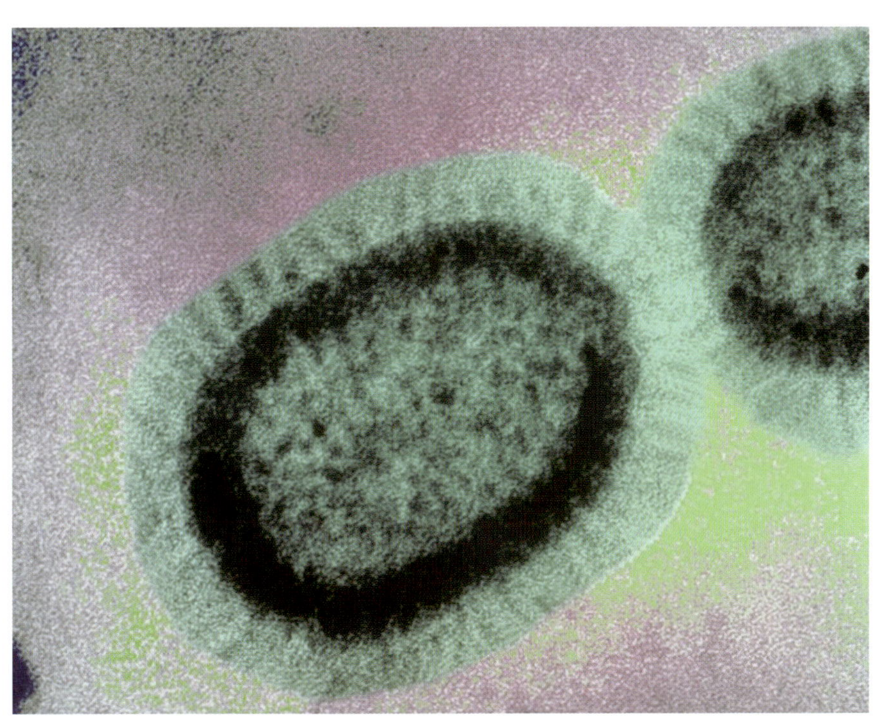

●インフルエンザウイルスの電子顕微鏡写真（カラー着色）。　（写真提供：Sanofi Pasteur）

無害なウイルスも、膨大な種類のウイルスが宿主生物に「寄生」あるいは「共生」しながら生存しています。

ヒトにとって有害なウイルスが起こす感染症には、インフルエンザ以外にどのようなものがあるでしょうか。

世界的大流行ではないが、特定の地域や集団内に爆発的な感染を起こすことを「アウトブレイク（outbreak）」といいます。近年、アウトブレイクを起こした凶悪なウイルスといえば、「エボラ出血熱」で知られるエボラウイルスでしょう。発熱や下痢のほか、全身の血管から出血するという特徴的な症状が衝撃的でした。

致死的な感染症では、かつてはHIV（ヒト免疫不全ウイルス）によるエイズがそうでした。ウイルスが免疫細胞に感染し、免疫システムが崩壊して、細菌による感染症が重篤化し、死を免れない疾患でしたが、抗ウイルス薬の開発で治療が可能になりました。

それでもHIVの感染者は2016年末、世界で3670万人、新規感染者数は180万人、エイズによる死亡者数も100万人に上ります。重大な感染症であることは変わりません。

感染が広がりやすい感染症では、蚊がウイルスを媒介する「デング熱」（デングウイルス）や「ジカ熱」（ジカウイルス）もあります。デング熱は、2014年夏に日本国内で発生し、話題になりました。

そのほか、麻疹（ましん）や風疹（ふうしん）、ポリオ（小児麻痺（まひ））、日本脳炎、狂犬病など、ウイルスが引き起こす感染症は数十種類あります。

人類はウイルスと戦い続けなければなりません。ウイルス研究、ワクチンや治療薬の開発、感染への社会的取り組みなど、その最前線をこれから見ていきましょう。

目次

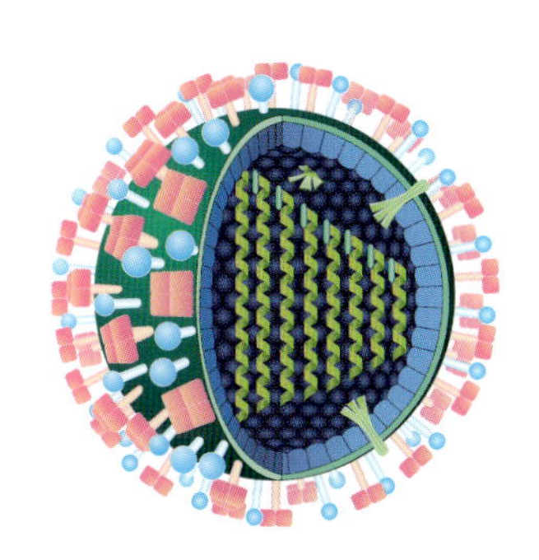

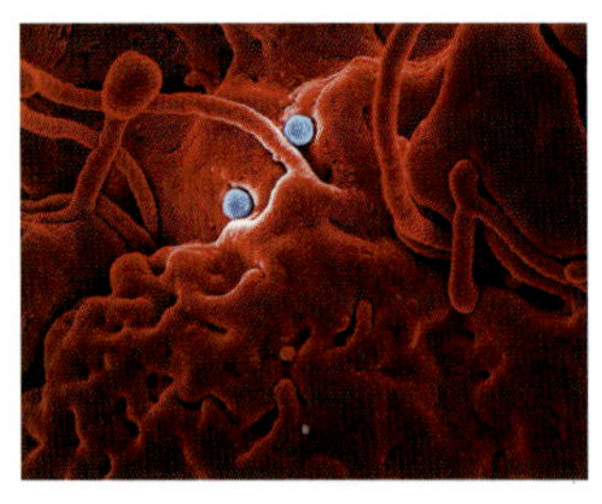

第3章 体の中の戦い 免疫とワクチンと抗ウイルス薬

第4章 感染拡大を防ぐ社会的取り組み

第5章 感染を防ぐひとりひとりの防衛策

序章

パンデミック
とはなにか

世界史に見るパンデミック

感染症とは、目には見えない小さな細菌やウイルスなどの微生物によって引き起こされる、感染性の病気のことをいいます。

感染症は、地理や気候、生息する野生動物、交通手段などさまざまな条件により、広がり方が異なります。

発生した地域特有の要因によって限定された地域内で患者が発生する「エンデミック（endemic）、風土病」が、人や物の移動などで数か国規模へ拡大、流行する「エピデミック（epidemic）、伝染病」となり、さらに輸送機関の発達により多くの国や大陸をまたがって流行する「パンデミック（pandemic）、世界的大流行」に発展することがあります。

感染症とヒトとのつき合いは非常に古く、はるか遠く古代エジプトのミイラに感染症の痕跡（こんせき）がみられるほどです。感染症の歴史は、人類の歴史とともにあるのです。そして、近代以前で史上有名なパンデミックといえば、ペストと天然痘（てんねんとう）です。

ペスト

■皮膚が黒ずみ、黒死病と呼ばれた

ペストは別名、黒死病といいます。それは、致死率（ちしりつ）（感染して病気になり死亡する確率）が50～70%と高かったことや病気にかかると皮膚が黒く変色することから、そう呼ばれ

●14世紀、世界的に大流行したペストが、ヨーロッパにもたらした未曽有の大惨事を描いた「死の勝利」（部分）。死屍累々（ししるいるい）たる惨状のなか、死神が屍体を集めてまわる。ペストの恐ろしさを伝える絵。ネーデルランド（オランダ）の画家ピーテル・ブリューゲル（父）の作。

（画像提供：アフロ）

恐れられました。

世界史のなかでペストは3回のパンデミックが記録されています（6世紀、14世紀、19世紀）。なかでも、14世紀の大流行は世界の死亡者数が1億人に達し、当時の世界人口4億5000万人を3億5000万人にまで減少させたといわれます(アメリカ国勢調査局の推計)。

ペストは**ペスト菌**（細菌）による全身性の急性感染症です。もともとネズミなどの齧歯類に流行する病気で、ノミを介してヒトに感染します。そのプロセスは、まずノミがペストに感染したネズミの血を吸い、次にヒトがノミに血を吸われた際、刺し口からペスト菌が侵入して感染します。2～6日の潜伏期間ののち全身の倦怠感や39～40℃の高熱が現れてきます。その後の症状は、ペスト菌の体内での広がりかたによって異なり、3つの病型に分類されます。

腺ペストはリンパ節（腺）が腫れ、次いでペスト菌の毒素で心臓が衰弱します。**敗血症ペスト**は菌が血液中に広がり、全身に黒い斑点が出て手足が壊死するなど、重いショック症状を起こします。**肺ペスト**は菌が肺に回り、呼吸困難や血痰を伴う肺炎を起こします。いずれも治療しなければ数日で死亡します。

現代医学においては、ペスト菌に対して菌株ごとに有効な（菌に感受性のある）抗生物質を投与でき、早期に治療すれば良好に回復します。21世紀の日本での死亡例はありません。

■ヨーロッパを席巻したペスト

14世紀のペスト流行は中央アジアで始まり、中国に伝播したとされます。中国の人口を半減させるほど猛威をふるったのちシルクロードを経て、紅海と地中海を結ぶ交易で繁栄していたマムルーク朝（イスラム王朝）を襲います。相前後して1347年にはペストはイタリアのシチリア島のメッシーナに上陸しました。ヨーロッパ向けに出荷された毛皮に潜んでいたノミが媒介したといわれています。ペストの流行の中心地だったイタリア北部では住民がほぼ全滅しました。

翌1348年にはアルプス以北のヨーロッパにもペストの流行が拡大します。当時のヨーロッパ人口の3分の1～3分の2に当たる、2000万～3000万人が死亡したと推定されています。

このなかでユダヤ教徒の犠牲者が少なかったとされ、彼らが井戸に毒を入れたなどのデマが広がり、ユダヤ教徒に対する迫害や虐殺が行われました。ユダヤ教徒に被害が少なかったのはきびしい戒律に則った生活のために、キリスト教徒より衛生的だったという見方があります。

注目すべきは、ポーランドではペストの発生が抑えられたという事実です。その要因と

ペストは、ネズミからノミを介してヒトへ感染する細菌感染症。世界史上、3回もパンデミックを起こしました。

してアルコール（蒸留酒）で食器や家具を消毒したり、腋や足などを消臭する習慣が国民に定着していたほか、ネズミを捕食するオオカミやタカなどの猛禽類が生息する原生林が多く残っていたためという説があります。

当時のヨーロッパの街は上下水道が整備されておらず、生ゴミは運河に捨て、さまざまな動物が人に連れられ、糞尿を排泄しなが

ペスト菌の発見と抗生物質の開発

ペスト菌を発見した北里とエルサン

ペストは14世紀のパンデミックのあと、17～18世紀ころまで何度か小流行したものの、ヨーロッパ各国が中央集権化に伴う防疫体制の整備と衛生環境の改善などを行った結果、大流行はみられなくなりました。そして、19世紀までに先進諸国ではペストはほとんど根絶されました。

しかし発展途上国では、なお大小の流行がありました。そして3回目のパンデミックが1855年、中国南部から始まりました。それは野火のようにジワジワと広がり1894年に香港で爆発的に拡大、そこから全世界に広がっていったのです。中国とインドで1200万人が死亡しました。

19世紀に入り、重大な感染症の病原体がいくつも発見されるにつれ、人類の永年の脅威であるペストの病原体探しの機運も高まっていきました。そこに発生したのが、香港のペストです。地理的に近い日本が素早く行動しました。ペスト調査団を香港に派遣し、団員の中にいた細菌学者北里柴三郎が、到着2日後の1894年6月14日にペスト菌を発見。一方、フランス政府とパスツール研究所から要請されて香港で調査を開始したスイス出身のフランスの細菌学者アレクサンドル・エルサン（A. Yersin）は6月20日に発見しました。

北里は患者から採取した菌を動物に感染させて発症を確認し、「ペスト菌発見」の速報を権威ある英医学雑誌*Lancet*に発表しました。一方エルサンは、パスツール研究所年報に発表しました。

ドイツにいたコッホは、弟子の北里から送られた菌を培養し、エルサンが発見した菌と同一であることを確認しています。ところが現在のペスト菌の学名は、エルサンの名前にちなんだ「Yersinia pestis（エルシニア・ペスティス）」となっています。学名にKitasatoの名前が入らなかったのはなぜでしょうか？　それには複雑な事情が絡んでいたようです。

北里の、ペスト菌の性質に関する意見はエルサンとほぼ一致しています。その形状を北里は「グラム陽性菌、球菌」といい、エルサンは「グラム陰性菌、桿菌」といいましたが、細菌学的にはエルサンが正しいのです。後年、北里は自分の誤りを認め、これをきっかけに“ペスト菌の発見”という事実さえも主張しなくなってし

ら街路を歩いていました。また多くの人々が牛や豚、鳥などの家畜と一緒に暮らしていました。さらに食事前の手洗いも徹底されておらず、一般の人は入浴する習慣もないなど、当時の人々はきわめて非衛生的な環境で生活していたのです。また、この時代のヨーロッパでは長期の天候不順と異常低温が続いたことから飢饉が起こり、飢えが広がり、栄養状

まいました。Yersinia pestis命名にはこれらのことが影響しているのかもしれません。

ペスト菌の発見は世界の医学史に残る偉業です。学名にこそ名前は残していませんが、人類初の発見者が北里柴三郎だったことは紛れもない事実です。

抗生物質によってペストは激減

現在、ペスト菌に対する治療としては、ストレプトマイシン、テトラサイクリン、ゲンタマイシンなどを組み合わせた何種類かの抗生物質を投与します。ペスト菌が発見された1894年当時、病原体は発見できても決め手になる治療はなく、一定の効果が見込める消毒法（消毒薬、熱消毒、日光消毒）に頼っていました。ペストの特効薬である抗生物質の登場はそれから半世紀近く後のことです。

イギリスの細菌学者アレクサンダー・フレミング（A. Fleming）が1928年に抗生物質ペニシリンを発見して、感染症の治療法が劇的に変わりました。さらに1942年に開発されたベンジルペニシリンがペスト菌に対して著しい効果を発揮し、ペストによる死亡数は激減しました。

現在では、早期治療が行えなかったケースも含めペスト全体の致死率は10％程度に止まっています。ただし、最近では薬が効かない耐性菌がペスト菌にも出現してきているため、油断は禁物です。

●「日本の細菌学の父」と呼ばれ、医学の進歩に多大な貢献をした北里柴三郎。ペスト菌を世界で最初に発見したにもかかわらず、菌の形状を誤認し、自らの業績から外した。

（写真提供：北里研究所）

態も最悪でした。そんななか襲ったペストは、瞬く間にヨーロッパ中に広がりました。

■歴史を変えたパンデミック

流行初期のノミを介して感染する腺ペストに続き、ヒトからヒトへ飛沫（ひまつ）感染（咳やくしゃみなどで感染）する肺ペストが起こってからペストの被害は飛躍的に拡大しました。街では夜昼となく多くの人が倒れて死んでいきます。人々は、患者に触れたり同じ空気を吸うだけで感染すると恐れ、親は子を看病することもなくなり、子どももまた親を見捨てました。家から路上に出された死体は腐臭を放ちます。あまりに死が身近に日常的に訪れるようになり、「個人の死」という観念は消え失せ、死体はペストに感染した危険物としてしか扱われなくなります。死体は、可能な限り大きく深く掘られた穴に無造作に投げ込まれました。

ペストの流行中、人々が街から逃げ出したり病気に倒れたりしたため、街の社会機能や経済活動が麻痺しましたが、これは都市部だけではありません。ペストは農村部にも打撃を与えました。高騰した賃金目当てに農民が街に流入し、農村部でも人手不足に陥ったのです。これをきっかけに中世の封建制度による耕地（荘園（しょうえん））を持つ領主は、農業の生産者としての農民の役割を認めざるをえなくなりました。小作制が採用され、農業労働の対価が賃金で支払われる労賃農民が増え、土地を賃貸するようにもなりました。これは農奴（のうど）制度の崩壊であり、荘園制度に根ざす封建（ほうけん）制の没落を意味しました。

こうして小作農と労働者が登場したことにより、ヨーロッパに資本主義の考えが芽生えました。ペスト後の深刻な労働力不足は、社会の構造までも変えることになったのです。

天然痘

■世界初のワクチンがつくられた

天然痘（別名は疱瘡（ほうそう）、医学用語は痘瘡（とうそう））は、**天然痘ウイルス**によって引き起こされる感染症です。その歴史は古く、紀元前1万年以上も前からアフリカやアジアの農村で出現し、感染力が強く致死率も高い（20～50%）疫病として恐れられてきました。全身に膿疱（のうほう）（膿（うみ）がたまった水ぶくれ）を生じ、たとえ病気が治っても顔に醜い痘痕（とうこん）（あばた）が残ることから、世界中で忌み嫌われました。

天然痘ウイルスは、原型となるウイルスが大昔に動物からヒトに感染し、そこで変化を起こして誕生した可能性が高いと考えられています。天然痘の感染経路は飛沫感染や接触感染です。平均12日間（7～16日）の潜伏期間を経て発症し、その後は前駆（ぜんく）期、発疹（ほっしん）期という経過をたどります。

前駆期では、急激な発熱（39℃前後が2～3日）、頭痛、腰痛などの症状が出ます。発熱後3～4日目にいったん解熱します。

発疹期では、①紅斑（こうはん）（赤い斑点）→②丘疹（きゅうしん）（ぶつぶつ）→③水疱（すいほう）（水ぶくれ）→④7～9日目に再度発熱して膿疱（のうほう）→⑤痂皮（かひ）（かさぶた）→⑥落屑（らくせつ）（はがれ落ち）と移行し、発症後およそ21日で治ります。

天然痘が強い免疫性をもつことは、経験的に古くから知られていました。牛の皮膚病である牛痘（ぎゅうとう）はヒトにも感染しますが、痘痕も残らず軽症で済みます。そして「牛痘にかかった乳しぼりの女は天然痘にかからない」という話が広まっていました。

その話にヒントを得たイギリスの開業医エドワード・ジェンナーは1796年、8歳の少年に牛痘の膿を接種したあとで天然痘の膿を接種させ、発病しないことを突き止めました。これにより天然痘ワクチンである**種痘**（しゅとう）（牛痘接種）が開発され、天然痘を予防する道が開けました。

種痘は予防だけでなく、感染後3日以内であれば、発症や重症化を防ぐうえで治療にも有効とされます。現在も治療は、解熱、鎮痛などの対症療法（症状を抑える）が中心です。

■人類が根絶させた最初の感染症

種痘は徐々に世界中に広まっていき、20世紀半ばには先進国のなかで天然痘を根絶した国が現れ始めました（日本は1955年根絶）。天然痘がヒトからヒトへしか感染しないこと、ワクチンがきわめて有効なことから、1958年にWHO（世界保健機関）総会で「世界天然痘根絶計画」が可決されました。

その後の紆余曲折を経て1980年、WHOは天然痘の世界根絶宣言を行いました。以後現在まで、天然痘患者の発生はありません。天然痘は、人類が撲滅に成功した最初の感染症です（家畜感染症の牛疫（ぎゅうえき）も2番目に撲滅されました）。

●天然痘の予防のため、少年に種痘を施すエドワード・ジェンナー。種痘は、牛の皮膚病である牛痘の膿を接種して、ヒトの皮膚病である天然痘を予防するという世界初のワクチンであった。　（画像提供：ユニフォトプレス）

20世紀に発生したパンデミック

パンデミックの発生が科学的に証明されているのは1900年ころからです。20世紀に入って以降、1918～1919年、1957～1958年、1968～1969年と2009年の合計4回のパンデミックの発生が記録されています。20世紀以降のパンデミックの特徴は、4回ともすべてがインフルエンザウイルスによるパンデミックということです。

「スペイン風邪」(1918～1919)

■人類史上、最悪の疫病

日本では通称「スペイン風邪(かぜ)」と呼ばれるスペインインフルエンザは、20世紀に発生した3つのパンデミックのなかで最も大きな被害をもたらしました。WHOなどによれば、1918（大正7）年から1919（大正8）年にかけて全世界で約5億人がスペイン風邪にかかり、4000万人が死亡したといわれています。致死率は2.0～2.5%。一見、致死率は低いようにみえますが、普通の季節性インフルエンザの致死率が0.1%（1000人に1人、超過死亡を含めて）なので、40～50人に1人というのは、異常に高い値といえます。その謎はやがて解き明かされることになります(→p.42)。

日本でも当時の人口5500万人のうち、約2300万人が患者となり約38万人の死亡者が出たという記録が残っています(内務省統計)。

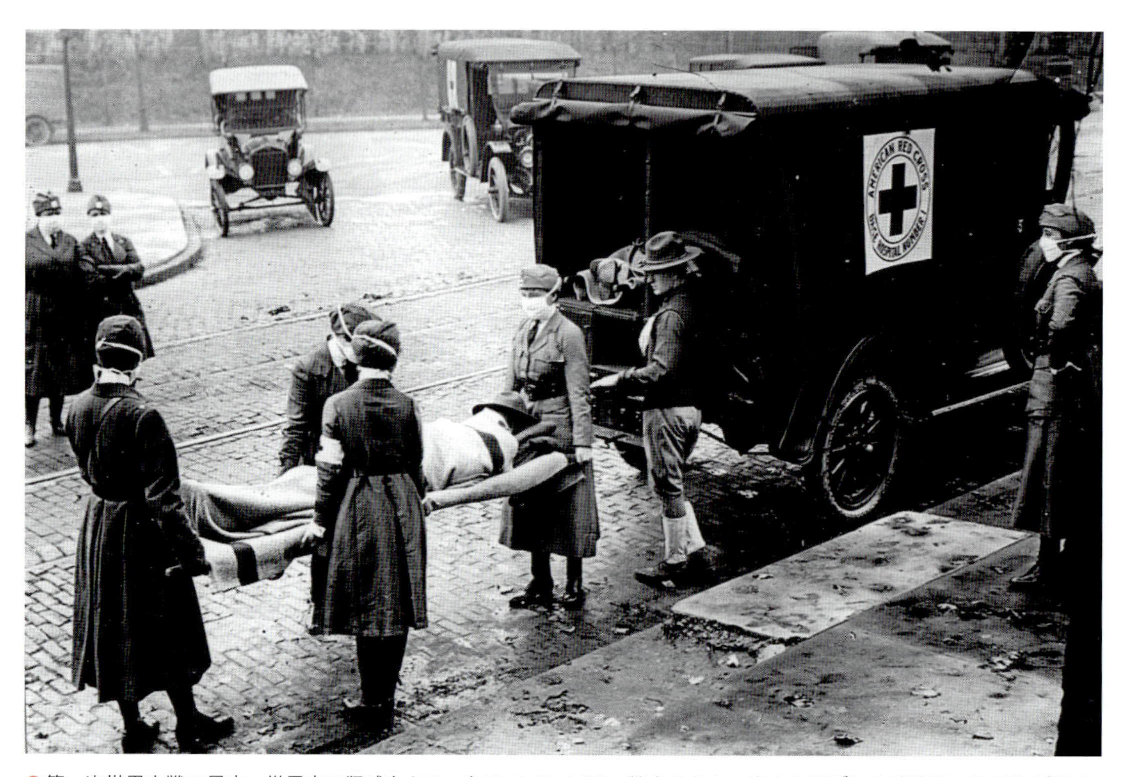

●第一次世界大戦の最中、世界中で猛威をふるったスペイン風邪。戦火のなか、次々と運ばれる感染者。致死率が高く、世界で4000万人が死亡したとされる。
(写真提供：ユニフォトプレス)

わずか2年間で、世界でこれだけの規模の死者を出した感染症は過去に例がなく、人類史上最悪の疫病となりました。

スペイン風邪は「風邪」という名前はついていますが、その症状や**伝播力**（ヒトからヒトへ感染する力）は私たちが見知っている一般的な風邪とはまったく異なります。スペイン風邪にかかると40度近い高熱が出て、重度の肺炎、肺水腫を引き起こします。発症してからわずか数日で呼吸困難に陥り、死に至ることも多くありました。伝播力はきわめて強力で、患者を看病する家族、医師も次々に倒れ、ごく短時間のうちに患者数がどんどん増えていきました。

なぜスペイン風邪ウイルスがこれほど多くの人を殺した理由は十分にはわかっていません。ウイルスそのものが他のインフルエンザウイルスよりも病原性が強かったことはわかっています。しかし、スペイン風邪で死亡した人の多くが細菌の二次感染による肺炎によることも明らかになっています。

当時は、インフルエンザの原因ウイルスはまだ発見されておらず、もちろん有効なワクチンや抗ウイルス薬も存在しませんでした（ヒトインフルエンザウイルスの発見は1933年）。肺炎の原因菌を殺す抗生物質さえありません。医学的な予防や治療手段のないなか、唾液などの飛沫感染だけでなく空気感染もするこのウイルスから逃れる手立てはほとんどなく、死者も増えていったのです。

スペイン風邪の流行の特徴は、普通のインフルエンザではほとんど死亡することのない15～35歳の健康な若者層で最も多くの死者が出たという点です。死亡者の99％が65歳以下の若い年齢層に発生したというのは、過去にも、それ以降にも例のない現象でした。

■戦争が感染を拡大させた

スペイン風邪ウイルスは、第一次世界大戦（1914年7月28日～1918年11月11日）に参戦した兵士が戦場を転戦するなかで世界に広がったといわれています。北米のアメリカ軍兵舎で1918年初春に発生したインフルエンザが、感染した兵士をヨーロッパへ派遣したことにより、4月にはフランス戦線に広がり、同月末にスペイン、6月にはイギリスにも拡大したといいます。ほぼこれと同時期に中国や日本でも発生が確認されました。このようにして、スペイン風邪ウイルスは短期間のうちに世界を駆けめぐったのです。

インフルエンザの死亡数の推計方法

インフルエンザによる死亡例には、インフルエンザを直接の死因とする症例とインフルエンザに合併する肺炎などの疾患が死因となる症例の両方が含まれます。死因別統計では、肺炎などによる死亡数からインフルエンザによる合併症が原因の症例を識別して取り出せないため、WHOや国立感染症研究所では「超過死亡（excess death）」という方法で推計します。超過死亡とは、インフルエンザが流行した年に死亡数が通常の年の死亡数より多かった場合、通常年より多い分の死亡数のこと。この超過分をインフルエンザが原因の死亡とみなします。

●1957（昭和32）年、日本全国でインフルエンザ（アジア風邪）が猛威をふるうなか、うがいをする子供たち。
（写真提供：共同通信イメージズ）

史上最も大きな被害をもたらしたこのインフルエンザに「スペイン」という名前がついた由来は、非参戦国だったスペインが国内を席巻するインフルエンザに関する報道の検閲や規制をしなかったため（アメリカをはじめ参戦国は自国に不利になるこの情報を隠蔽）、インフルエンザがスペインだけで流行していると受け取られたからです。

■感染から逃れる手段はなかった

ウイルスが猛威をふるうなか、医学的な有効措置がとれないまま、各国はその対策として患者の隔離、患者に接触した者の行動制限、個人の衛生上の注意といった通常の方法に頼るしかありませんでした。映画館、学校、劇場など人の集まるところを閉鎖し、マスクの着用を法律で義務づけたりしました。

例外的に、南半球のオーストラリアだけは港において厳密な検疫を実施、つまり国境を事実上閉鎖した結果、ウイルスの国内侵入を約6か月遅らせることに成功しました。そのおかげで、オーストラリアは軽度の流行ですんだとされています。

しかし、わずかな例外を除けば、世界中でスペイン風邪ウイルスから逃れられる場所はほとんどなかったのです。

「アジア風邪」（1957～1958）

■ウイルスの型（亜型）はH2N2型

アジア風邪（アジアインフルエンザ）は、1957年2月に中国南西部で流行が始まり3月には国中に拡大しました。4月には香港に到達し、5月中旬までにはシンガポールと日本でインフルエンザウイルスが分離されました。WHOはA型インフルエンザウイルスであることを確認し、世界にパンデミックの発生を宣言しました。このウイルスは現在ではH2N2亜型と呼ばれる新型ウイルスでした。「H」と「N」はウイルスの表面に存在する突起の型を示しています（→p.26）。

アジア風邪はスペイン風邪より病原性の弱いウイルスによって起こったとみられています。1950年代末には医学の進歩に伴い、インフルエンザウイルスに関する知見も長足の進歩を遂げていました。普通の季節性インフルエンザに対するワクチンがすでに開発され、また細菌性肺炎を併発しても原因菌を殺せる抗生物質がありました。

■ワクチンの生産が間に合わず

アジア風邪のウイルスサンプルは世界中のワクチン製造者に配布され、アメリカでは1957年8月に、イギリスでは10月に、日本では11月にワクチンが使用可能となりました。しかし、国中で使用するには少なすぎる量しか供給できず、十分とはいえませんでした。結局、感染拡大を防ぐのに有効だった対策は、いつもどおりの多数の人が集まるイベントや集会の禁止と学校閉鎖だったとされています。

インフルエンザウイルスの伝播速度は早く、2月に発生して4月に香港到達、その後、半年にも満たないうちに世界中で感染例が報告されました。いったん国内で感染が始まると、スピードに多少の違いはあれ、どこの国でも爆発的に感染が広がりました。患者数は膨大な数にのぼり、致死率は約0.5%でスペイン風邪より低かったのですが、乳児、高齢者に死亡例が集中していました。これは季節性インフルエンザと同様でした。

アジア風邪の世界での死亡者数は約200万人と推定されます。厚生労働省によれば、日本では98万人以上が感染し、約7700人が死亡(主に乳児と高齢者)しています。

「香港風邪」(1968～1969)

■ウイルスの型はH3N2型

香港風邪(香港インフルエンザ)は1968年に香港で流行が始まりました。中国が発端と考えられています。その後、台湾、シンガポール、その他の東南アジア諸国に拡大し、日本でも流行しました。

このインフルエンザはアジア風邪よりさらに軽症であったとされています。国際的な伝播の様相はアジア風邪に似ていましたが、どの国でも臨床症状は軽く、致死率もアジア風邪より低いものでした。

アジア風邪のような爆発的な集団発生はなく、流行は緩(ゆる)やかで、感染が拡大したものの死亡者がアジア風邪のように増えることもなかったようです。

1968年から1969年にかけて香港風邪の世界での死亡数は約100万人とされています。厚生労働省によれば、日本の罹患者はおよそ14万人、死亡数は2000人以上でした。

この原因について、香港風邪のウイルスがH3N2亜型であり、前回のパンデミックのアジア風邪ウイルスのH2N2亜型と「N2」を共有していることから、アジア風邪に感染した人では、その免疫が香港風邪ウイルスに対し、防御作用を発揮したとの説があります。

＊　＊

ここまで20世紀の3回のパンデミックを見てきましたが、注目すべきはこれまでのインフルエンザパンデミックは、すべて鳥インフルエンザウイルスが関与しているということです。

やがてくるであろう、鳥のウイルスに由来する新型インフルエンザウイルスの次の大流行を想定して、WHOを中心に世界中が準備と研究を行っています。

スペイン風邪の正体を90年後に突き止めた!

ウイルスの遺伝子を解読

スペイン風邪が発生した1918年当時は、ウイルスを分離する技術、つまり検査対象からウイルスを採取し、細胞内で増殖させて確認する技術がまだ初歩的な段階だったため、スペイン風邪ウイルスを分離できず、病原体の正体はつかめませんでした（ヒトインフルエンザウイルスの発見＝分離成功は1933年）。

スペイン風邪の本格的な研究の道が開けたのは1990年代半ばです。きっかけとなったのはアメリカ陸軍病院病理学研究所のジェフリー・タウベンバーガーらがスペイン風邪で死亡した患者の病理組織からウイルス遺伝子を取り出し増幅し、解析したことでした。ところが、保存状態のよくない古い組織サンプルからのウイルス遺伝子の増幅は困難をきわめました。そんななか、1997年に彼らはアラスカの永久凍土からスペイン風邪で死亡し埋葬されていた遺体を発掘しました。発掘した遺体の肺組織を使って完全な形でウイルス遺伝子の増幅に成功したタウベンバーガーらは、2005年にはウイルスの遺伝子情報（RNAの塩基配列）をすべて解読したのです。

スペイン風邪ウイルスはH1N1亜型

スペイン風邪ウイルスの遺伝子情報が初めて明らかにされたことで、その正体がA型インフルエンザウイルスのH1N1亜型であることが判明しました。ウイルスの表面に「HA」と「NA」タンパク質の突起をもつA型ウイルスは、すべて野鳥（特にカモ）に由来しています。スペイン風邪ウイルスは、鳥インフルエンザウイルスがヒトに感染するヒト型インフルエンザウイルスに変異したものだったのです。

さらに2008年には、解読された遺伝子情報をもとに、東京大学医科学研究所の河岡義裕教授（本書の監修者）の研究室が、スペイン風邪ウイルスの人工合成に成功しました。これに先立つ1999年、河岡博士は当時所属していた米国ウィスコンシン大学の研究室で、スタッフとともに世界初のインフルエンザウイルスの人工合成に成功しています。

ウイルスの人工合成は、感染の仕組みや病原性についての詳しい分析、さらにワクチンの開発にもつながるため、とても重要なのです。人工合成したスペイン風邪ウイルスのその後の研究から、謎であった高い致死率がどうやってもたらされたかについても、今ではわかっています（詳しくは→p.42）。

●1997年、アラスカの辺境の村の共同墓地で、タウベンバーガー博士らの依頼を受けた村の住民たちが、スペイン風邪で亡くなった遺体を永久凍土の下から発掘した。そして遺体からは、スペイン風邪ウイルスを含む肺組織が採取された。

第1章

現代の感染爆発はウイルスが起こす

パンデミックとインフルエンザ

■ウイルスとは何か

序章の「20世紀に発生したパンデミック」で見たように、パンデミックを起こす可能性が最も高い感染症は、インフルエンザと考えられています。病原体はインフルエンザウイルスですが、では、そもそもウイルスとは何でしょうか。

ウイルスとは、やさしくいえば「自分だけでは増殖できず、動物や植物などの細胞を借りて子孫を増やす最小単位の生物」でしょうか。

免疫学の専門書によれば「タンパク質の被膜に覆われた核酸ゲノムからなる極小の病原体で、自らの生存に必要な代謝機構のすべてをもたないため、ほかの生物の細胞内でのみ複製される」となります。

ゲノム（genome）とは遺伝情報の全体を示す言葉で、遺伝子（gene）のドイツ語に由来する造語です。遺伝子DNA（デオキシリボ核酸）またはRNA（リボ核酸）の全塩基配列のことを指しています。代謝機構をもたないということは、外部から栄養物を取り込んでエネルギーを産生したり、体内で必要な物質をつくったりできないということです。

つまり、ウイルスは遺伝子とそれを包む殻だけでできているのです。

いま「生物」といいましたが、実はウイルスを「生物」とするか、「無生物」とするかは専門家の間でも意見が分かれるところです。本書では監修の河岡義裕教授の考えに従ってウイルスを「生物」と定義します。

ウイルスは有史以来、人類とさまざまに関わってきましたが、その存在が確認されたのは19世紀末のことで、21世紀の現在でもウイルスの研究が始まってからまだ100年余りしか経っていません。ウイルスはまだ謎だらけです。

■ウイルスと細菌の違い

ウイルスと細菌を比べてみましょう。

平均的なウイルスの大きさは数10～300nm（ナノメートル）で、細菌の10分の1から100分の1ほどです。最も大きな違いは機能にあり、細菌は自ら増殖できるのに、ウイルスは自分だけでは増殖できず、生き続けることができません。

ウイルスは、自分だけでは体の部品であるタンパク質を合成することもできず、エネルギーを産生する仕組みももっていません。ウイルスがほかの生物の細胞に侵入することを「感染」といいますが、その感染先の細胞（宿主細胞）の機能を借りて、はじめてタンパク質や遺伝子が合成でき、自分自身を複製して生きのびられるのです。

ウイルスに感染した宿主細胞はほとんどの場合、自分自身のために本来備えている機能をウイルスに乗っ取られ、ウイルスの増殖に利用されて、その結果、細胞自身は死滅してしまうことになります。

■ウイルスと宿主生物

ウイルスは、生きのびるためにさまざまな生物に感染します。インフルエンザウイルスのように動物に感染する動物ウイルス、植物に感染する植物ウイルス、細菌に感染するウイルス（バクテリオファージ）などがあります。

ウイルスのなかで最初に存在が確認されたのは1892年、タバコの葉に感染するタバ

いろいろなウイルスの構造

エンベロープのあるウイルス

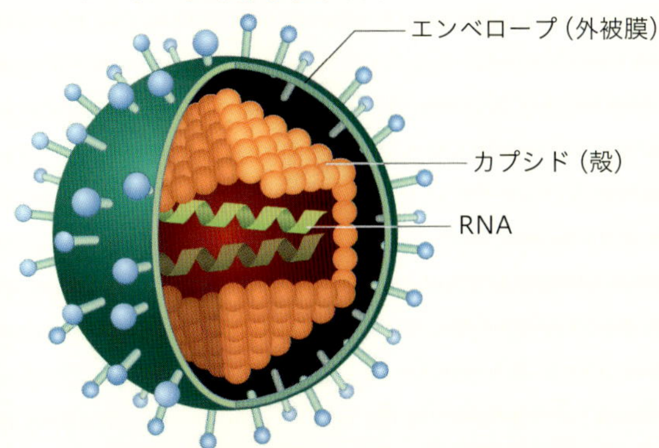

エンベロープのないウイルス

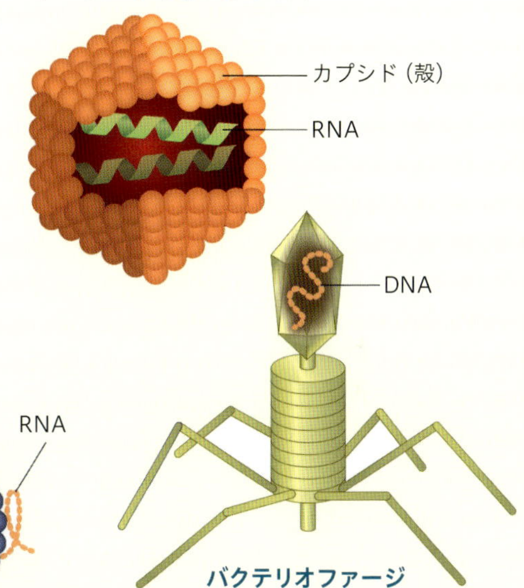

タバコモザイクウイルス

RNA

エンベロープ（外被膜）のあるウイルス

代表的なものがインフルエンザウイルス。そのほかデングウイルス、ジカウイルス、SARSとMERSのコロナウイルス、日本脳炎ウイルスなど。ひも状のエボラウイルスも基本構造は同じ。エンベロープは感染細胞の細胞膜と同じ構造。

エンベロープのないウイルス

カプシド（殻）だけのウイルス。ポリオウイルス、食中毒のノロウイルス、普通の風邪の原因となるアデノウイルスなど。

バクテリオファージ

細菌だけに感染して増殖するウイルスの総称。ファージのなかには月着陸船のような形状のものもあり、細菌の上に着地すると、頭部に収納しているDNAを細菌内に注入する。

ウイルスと細菌の大きさ

ウイルスの大きさは数10～300nm（ナノメートル：100万分の1mm）。ノロウイルスは25～35nm、インフルエンザウイルスは約100nm、麻疹ウイルスも約100nm。最初に発見されたウイルスであるタバコモザイクウイルスは約300nm。細菌は1～5μm。（マイクロメートル：1000分の1mm）。ブドウ球菌は約1μm、大腸菌は約2μm。ウイルスは細菌の10分の1から100分の1ほどの大きさであり、細菌は光学顕微鏡で見えますが、ほとんどのウイルスは電子顕微鏡でなければ見ることができません。ちなみに花粉は約30μm。ウイルスが取りつく気道の上皮細胞は20μmぐらいです。

（近年、長さが1μmのウイルスも発見されています）

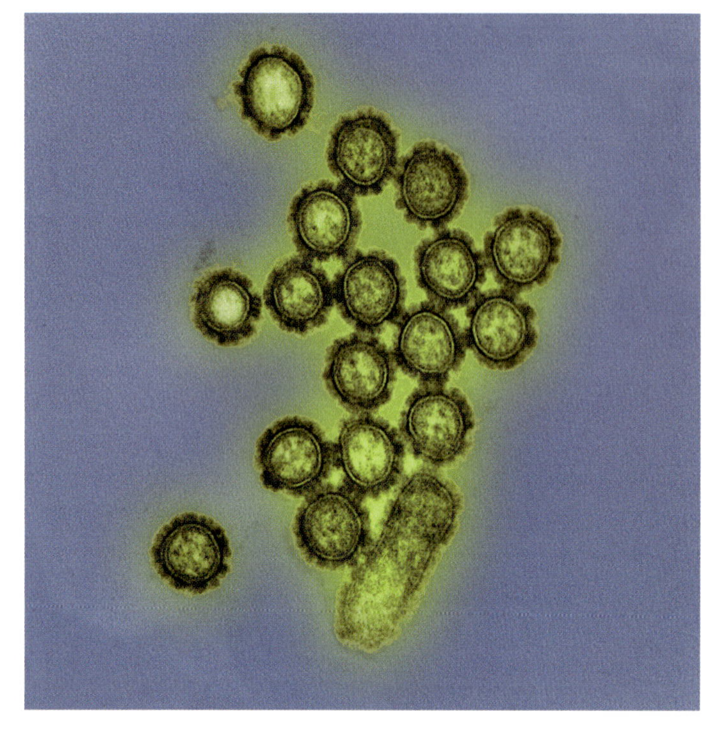

インフルエンザに感
染しない人間なんて
存在しないんだ。

●インフルエンザウイルスの電子顕微鏡写真（着色）。外被膜（エンベロープ）とカプシド（殻）が遺伝子RNAを保護している。外被膜は細胞膜と同じ構造で、もともとは感染した細胞の細胞膜をはぎとったものである。外被膜には突起（スパイクタンパク質）があり、感染細胞のレセプター（受容体）に結合して細胞内に侵入する。

（写真提供：NIAID）

コモザイクウイルスです。動物ウイルスでは1898年、口蹄疫（こうていえき）ウイルスが初めて牛から発見されました。口蹄疫は牛のほかに豚やヤギも感染する病気で、伝播力が強く、経済的被害が大きいため家畜の伝染病として恐れられています。

インフルエンザウイルスは1930年に豚インフルエンザウイルスが分離（確認）され、1933年にはヒトインフルエンザウイルスが分離されました。

■容易にヒトに感染するウイルス

では、インフルエンザウイルスはなぜこれほど注目され、恐れられているのでしょうか。

その理由は、強力な伝播力（感染力）にあります。病原体であるインフルエンザウイルスは地球上に存在するウイルスのなかでもヒトへの伝播力が強く、ヒトは6歳になるまでにほぼ100％インフルエンザにかかるといわれます。「生まれてからインフルエンザに一度もかかったことはない」と強弁する人がいるかもしれませんが、それはまったくの思い込みにすぎず、ヒトがインフルエンザから逃れることはまず不可能です。

さらに、インフルエンザウイルスは、遺伝子がRNAのウイルスで、DNAと違い、RNAは突然変異を頻繁にくり返します（詳しくは→p.29）。すると、突然変異によってウイルスの性状が変化してしまうため、一度インフルエンザにかかって免疫を獲得しても（ウイルスの特徴を記憶しても）、変化したウイルスには効力がありません。そのため一生の間に何度もインフルエンザに感染してしまうのです。

新型と季節性のインフルエンザの違いは?

毎年流行をくり返している「季節性インフルエンザ」は、多い年で日本人の10人に1人がかかり、1万人程度の患者（多くは高齢者）が死亡している感染症です。インフルエンザウイルスに感染すると、数日の潜伏期間を経て発症します。38℃以上の発熱、頭痛、全身の倦怠感、筋肉・関節痛、咳、鼻水などの症状が現れ、1週間程度で回復に向かいます。日本では例年11月～翌年4月にかけて流行します。

この季節性インフルエンザとは別に、数十年に1回の周期でヒトには免疫がまったくない「新型インフルエンザ」が出現します。

季節性でさえ伝播力が強いインフルエンザウイルスですが、新型ウイルスの場合は地球上の誰もかかったことがないためヒトに免疫がなく、その伝播力は季節性インフルエンザをしのぎます。季節性インフルエンザは、以前にそれに似た型のウイルスに感染していれば、弱くても免疫（ウイルスを記憶している）が働くので、ウイルスに侵入されても発症しなかったり、比較的軽い症状ですむ場合が多いのです。

しかし、新型インフルエンザは人類が初めて遭遇する新しいウイルスであるため、免疫に記憶がありません。感染しやすいうえに、病原性も季節性インフルエンザより強い可能性があります。

したがって、若くて壮健な人であっても新型インフルエンザウイルスにさらされると、高い確率で発症してしまうのです。

新型インフルエンザは、地球上の人間の誰もかかったことがないため、ヒトに免疫がない。それで大流行する恐れがあるんだ。

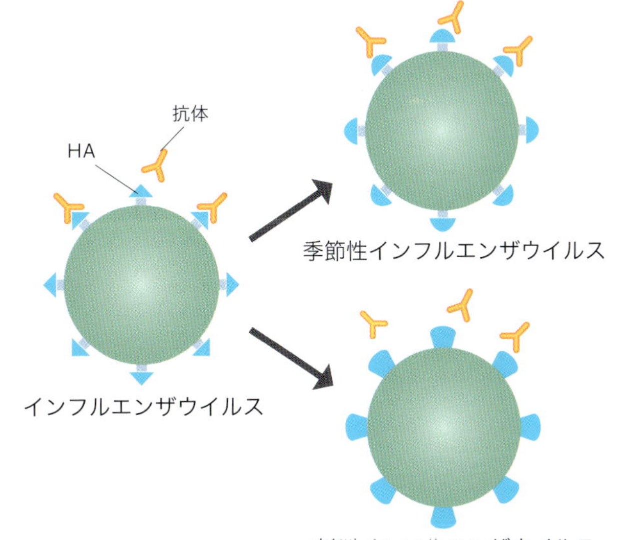

インフルエンザウイルスは、表面にタンパク質でできた突起物（ヘマグルチニン：HA）をもっている。免疫システムはこのHAに結合する抗体というタンパク質をつくり出し、ウイルスを攻撃する。免疫細胞はHAの形状を記憶するので、同じウイルスが侵入してくると直ちに同じ抗体を分泌して撃退する。季節性インフルエンザはHAの形状が少し変わるが似ているため、抗体が少しだけ対応できるが、新型インフルエンザウイルスはHAがまったく別の形になるので、同じ抗体は役に立たず、ウイルスを防げない。

インフルエンザウイルスの構造と特徴

■インフルエンザウイルスの種類

インフルエンザウイルスは、気道（鼻から肺に通じる空気の通り道）の感染症である「インフルエンザ」を引き起こす病原体で、A型、B型、C型、D型の4種類に分類されます。

A型には、ウイルス表面の突起（スパイクタンパク質HAとNA）の種類によってさまざまな亜型（サブタイプ）があり、ヒト、鳥、豚など幅広い宿主動物に感染します。病原性が強く、重い症状を引き起こします。

B型は、感染する宿主がヒトなどに限定され、感染後の症状はA型に似ています。A型とB型は季節性インフルエンザとして毎年流行をくり返しています。

C型は主にヒトを宿主としています。子供に感染するとA型のように呼吸器症状が出ますが、大人の場合は感染しても症状は重くなりません。

A、B、Cの3つの型のなかで特に問題となるのは、突然変異をくり返し、パンデミックを起こす可能性があるA型インフルエンザウイルスです（本書では、以降、インフルエンザウイルスという記述はすべてA型インフルエンザウイルスをさします）。

■ウイルス粒子のタイプ(型)

A型インフルエンザウイルスを電子顕微鏡で見たものが下の写真です。ウイルスの外被膜（エンベロープ）から、釘（spike）のような突起物が出ているのがわかります。この釘状の物質は糖タンパク質でできていて、「**スパイクタンパク質**」といいます。

A型インフルエンザウイルスには、**ヘマグ**

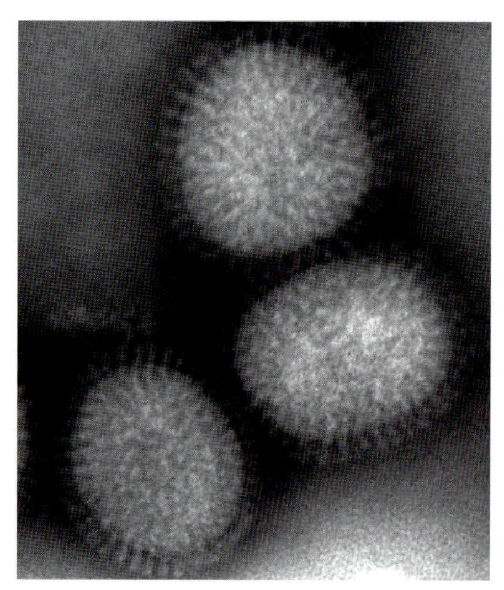

●インフルエンザウイルスの電子顕微鏡写真。表面にたくさんの釘状の突起物が見える。
（写真提供：野田岳志）

インフルエンザウイルスの種類

種類	A型	B型	C型
症状	発熱、頭痛、筋肉痛、関節痛など、風邪の典型的症状	発熱、頭痛、筋肉痛、関節痛など、風邪の典型的症状	鼻水、咳などの呼吸器症状（大人は軽度）
亜型	スパイクタンパク質 H1～H18、N1～N11	なし	なし
宿主（感染相手）	ヒト、鳥、豚、馬、その他	ヒト、（アザラシ）	ヒト、（豚）
流行形態	新型インフルエンザ、季節性インフルエンザ	季節性インフルエンザ	限定された地域

B型インフルエンザウイルスはヒトが主な感染先だが、アザラシから分離されたことがある。
C型インフルエンザウイルスはヒトが主な感染先だが、豚から分離されたことがある。
（D型は家畜のインフルエンザである。）

インフルエンザウイルスの構造

インフルエンザウイルスの模式図。遺伝子RNAを外被膜が包んでいるというシンプルな構造。それぞれ構成部品の役割を示す。

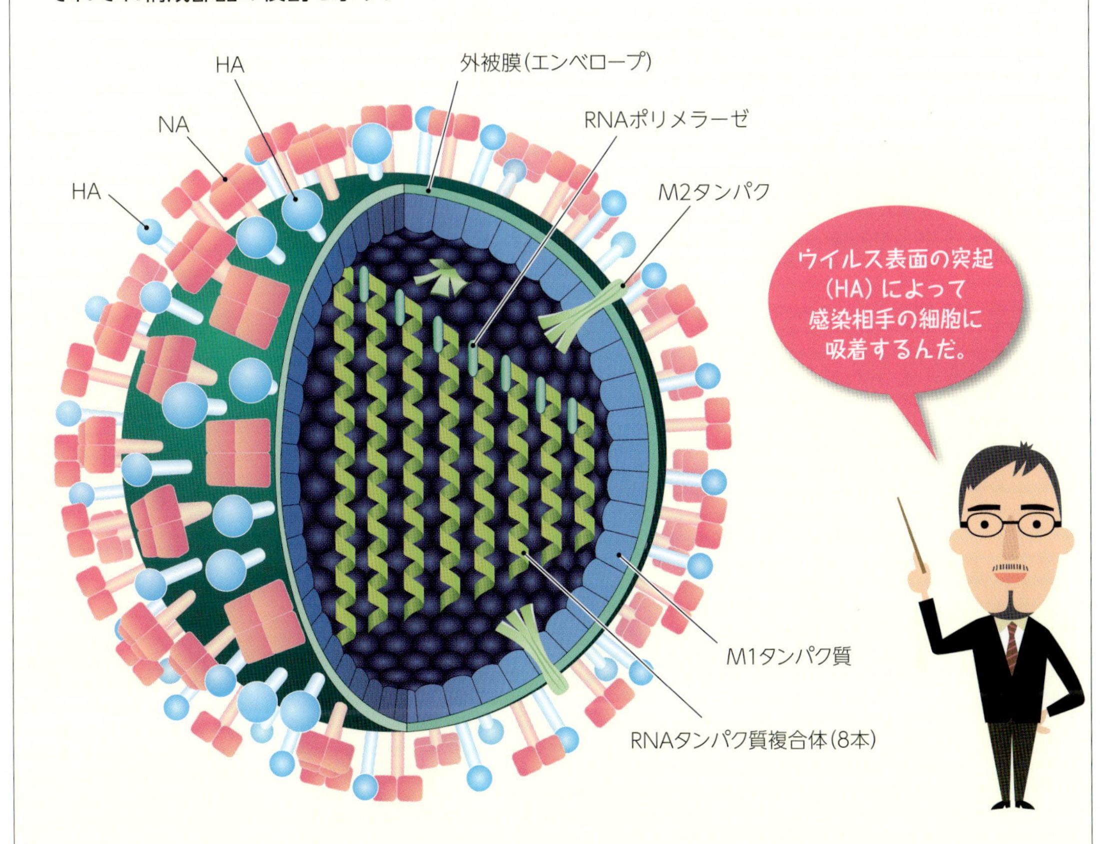

ヘマグルチニン(HA)

ヘマグルチニンは「赤血球凝集素（ぎょうしゅうそ）」という意味で名づけられた。赤血球に結合して赤血球を凝集させる作用があるためで、ウイルスの表面に突き出ていて、侵入する細胞の膜表面に結合する。

ノイラミニダーゼ(NA)

「○○ダーゼ」の名の示すとおり、酵素の働きをもつタンパク質で、シアル酸を切断する酵素。侵入した細胞内で増殖したウイルスが、宿主細胞から離脱するとき、細胞膜とウイルスの結合部分（シアル酸）を切り離すために働く。

RNAタンパク質複合体

遺伝情報が書かれたRNA（リボ核酸）と、RNAを合成するRNA合成酵素（RNAポリメラーゼ）がセットになった複合体。RNAは、らせん状に並んだ小さな球状粒子（NPタンパク質）に結合して、8本の部分（分節）に分かれて収まっている。RNAポリメラーゼ自体も3種類のタンパク質（PA、PB1、PB2）から構成されている。

M1タンパク質

インフルエンザウイルスの外被膜（エンベロープ）を裏打ちするタンパク質で、ウイルスの構造を支えている。外被膜は脂質二重層でできており、もとは宿主細胞の細胞膜に由来する。

M2タンパク質

ウイルスの外被膜に存在するが、数は非常に少ない。水素イオンをウイルス内に導入するイオンチャネルの役割をする膜貫通タンパク質。

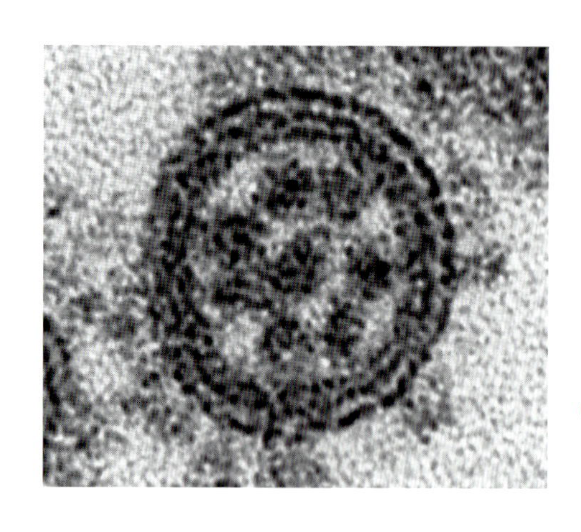

ウイルス粒子を
輪切りにすると、遺
伝子（ゲノム）の存
在がよくわかるね！

●ウイルス粒子を輪切りにした電子顕微鏡写真。８本のRNAタンパク質複合体が写っている。RNAは８つの部分（分節）に分かれている。
（写真提供：野田岳志）

ルチニン（HA）と**ノイラミニダーゼ（NA）**という２種類のスパイクタンパク質があります。この「H」と「N」が、インフルエンザウイルスの性質を決定づける重要な役割を果たしています。

A型インフルエンザウイルスには、HAが18種（H1～H18）、NAが11種（N1～N11）の亜型が存在するので、HAとNAの組み合わせで理論上、18×11＝198種のウイルスのタイプが存在することになります。

この組み合わせによってA型インフルエンザウイルスはタイプが特定されます（ウイルスのタイプは、通常「H1N1亜型」などのように表記されます。本書で「型」という場合も「亜型」のことです）。

例をあげると、1977年以降、季節性インフルエンザウイルスとして毎年流行をくり返しているのが、A型インフルエンザウイルスのH3N2亜型とH1N1亜型、それにB型インフルエンザウイルスの3つです。

■ウイルス粒子の構造

p.27の図は、インフルエンザウイルスの構造を模式的に表したものです。表面はヘマグルチニン（HA）とノイラミニダーゼ（NA）の膜タンパク質で埋めつくされ、ところどころにM2タンパク質が顔をのぞかせています。ウイルス粒子の内部には、遺伝情報を搭載した遺伝子RNA（リボ核酸）が収まっています。

インフルエンザウイルスの構造はきわめてシンプルです。RNAと粒子構造を形成するタンパク質部品のみでできています。

人間のゲノム（遺伝情報の全体）は二本鎖のDNA（デオキシリボ核酸）ですが、インフルエンザウイルスのゲノムは一本鎖のRNAで、８本に分かれています。ウイルスのRNAはそれだけが単独で存在するのではなく、核タンパク質およびRNAを合成する酵素（RNAポリメラーゼ）と結合し、**RNAタンパク質複合体**として粒子内に収まっています。

■なぜ感染力が強いのか？

インフルエンザウイルスの大きな特徴は、その伝播力（感染力）の強さです。ヒトは一生の間に何度もインフルエンザに感染しますが、その理由は、ウイルスの突然変異の多さにあります。インフルエンザウイルスがRNAウイルスであるため、遺伝子のコピーミスが増え、ウイルスが変化してしまうために免疫機能が追いつかないのです。

では、ウイルスのどこが変化するのでしょうか。それはウイルス表面の突起物、スパイクタンパク質のヘマグルチニン（HA）とノイラミニダーゼ（NA）です。

HAもNAも、それぞれいくつも型があり、形状が異なるのですが、同じH1型であっても変異が重なると微妙にスパイクタンパク質の形が変わるのです。免疫細胞が、体内に侵入してきた敵を攻撃する際の標的となる物質を「抗原」といいますが、インフルエンザウイルスの抗原となるのは、ウイルス表面のこのスパイクタンパク質です。免疫細胞が、一度侵入してきたインフルエンザウイルスに反応し、免疫を獲得しても（標的となる抗原を記憶しても）、次に侵入してくるウイルスの抗原の形が変化していると、免疫記憶は役に立ちません。

インフルエンザウイルスの感染力の強さは、抗原となるスパイクタンパク質の変化の早さとその多様性にあるのです。

RNAウイルスは変異しやすい

ウイルスは遺伝子としてDNA（デオキシリボ核酸）かRNA（リボ核酸）のどちらか一方をもっています。DNAウイルス（天然痘ウイルスなど）では、増殖するときに元のDNAと違ったものが複製されそうになると、そのDNAを修正する機能があります。遺伝子のコピーミスは一定の割合で生じます。そのためDNAを合成する酵素DNAポリメラーゼにはDNAの修復機能が備わっているのです。

天然痘ウイルスはほとんど変異していません。ヒトなどの高等生物はみな遺伝子がDNAです。DNAをもつ生物種が大きな変異（進化）を起こすには何十万、何百万年という長い年月がかかります。

一方、インフルエンザウイルスはRNAをもつウイルスです。RNAを合成するRNAポリメラーゼにはこの修復機能がありません。修復機能がなければ、RNAにコピーミスがあってもそのままウイルスが複製されてしまいます。

つまりRNAをもつインフルエンザウイルスは変異を起こしやすいということです。RNAウイルスはヒトのDNAに比べて1000倍から1万倍も変異しやすいと考えられています。DNAをもつ生物種が何十万年とかかる変異を、RNAウイルスは年単位、月単位でやりとげてしまうのです。

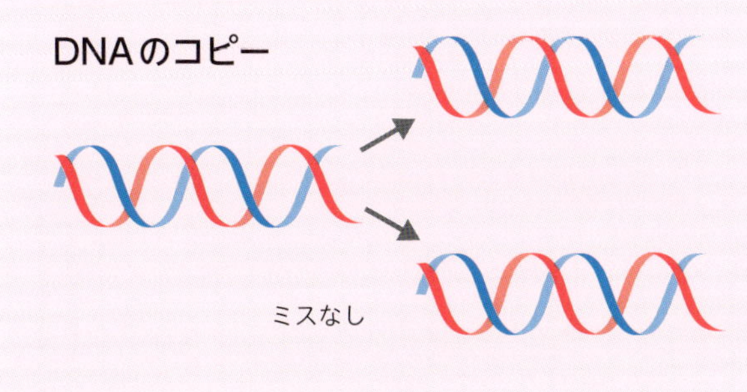

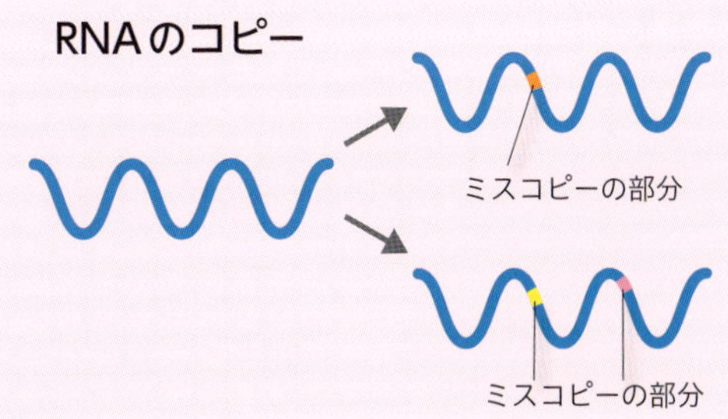

インフルエンザウイルスの感染のしかた

■空気中を漂うウイルス

インフルエンザウイルスはどのようにしてヒトや動物に感染するのでしょうか。

インフルエンザウイルスは空気中を漂い、運がよければそれを吸い込んだ宿主の気道の粘膜にくっつきます。

ただし、インフルエンザにかかった人の咳やくしゃみには大量にウイルスが含まれているため、マスクをしない感染者のまわりには膨大な数のウイルスが浮遊しています。その近くでは感染の確率が高くなります。

では、宿主の体内（気道）に入り込んだインフルエンザウイルスは、どうやって細胞内へ侵入するのでしょう。感染とは宿主の細胞内への侵入、それに続くウイルスの増殖を意味します。

以下が感染の一連のプロセスです。

■ウイルスの細胞表面への吸着

感染は、ウイルスと細胞との接触からスタートします。接触したウイルスが、まず細胞に吸着できるかどうかが侵入への第一歩。吸着の可否は、ウイルスと細胞のいわば「鍵」と「鍵穴」の関係で決まります。

インフルエンザウイルスの場合、「鍵」の役割はウイルス表面の突起物、スパイクタンパク質**ヘマグルチニン（HA）**が担っています。これに対し、侵入される宿主細胞の表面にもさまざまな突起（糖鎖）が並んでいて、その1つが「鍵穴」となるレセプター（受容体）となります。ウイルスのHAとぴたりと合うレセプターが存在し、両者が結合できたときのみ、ウイルスは細胞表面に取りつくことができます。この「鍵」と「鍵穴」の関係があるため、吸着できる宿主や細胞がウイルスによって異なり、それぞれ相手が特定されるのです。

インフルエンザウイルスのHAが結合するレセプターは、細胞表面にあるシアル酸を末端にもつ糖鎖です。

■細胞内への侵入

宿主細胞の細胞膜の表面にインフルエンザウイルスが吸着すると、細胞の側で、物質を細胞内に丸ごと取り込む「**エンドサイトーシ**

知って納得 ミニ知識

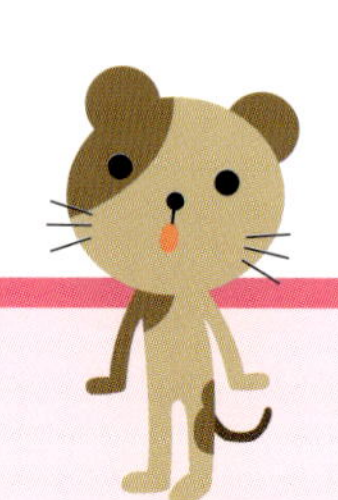

咳やくしゃみに含まれるウイルス

インフルエンザウイルスは、感染相手の宿主細胞に侵入すると、大量の「子供ウイルス」をつくり出し、そのウイルスを細胞外へ輩出します。

したがってインフルエンザにかかった人が咳やくしゃみをすると、鼻や口からウイルスを含んだ分泌液が放出されます。1回の咳で飛散する飛沫の数は約5万個、くしゃみでは約10万個が飛び散ります。

しかもその飛沫1個に大量のウイルスが含まれているのです。

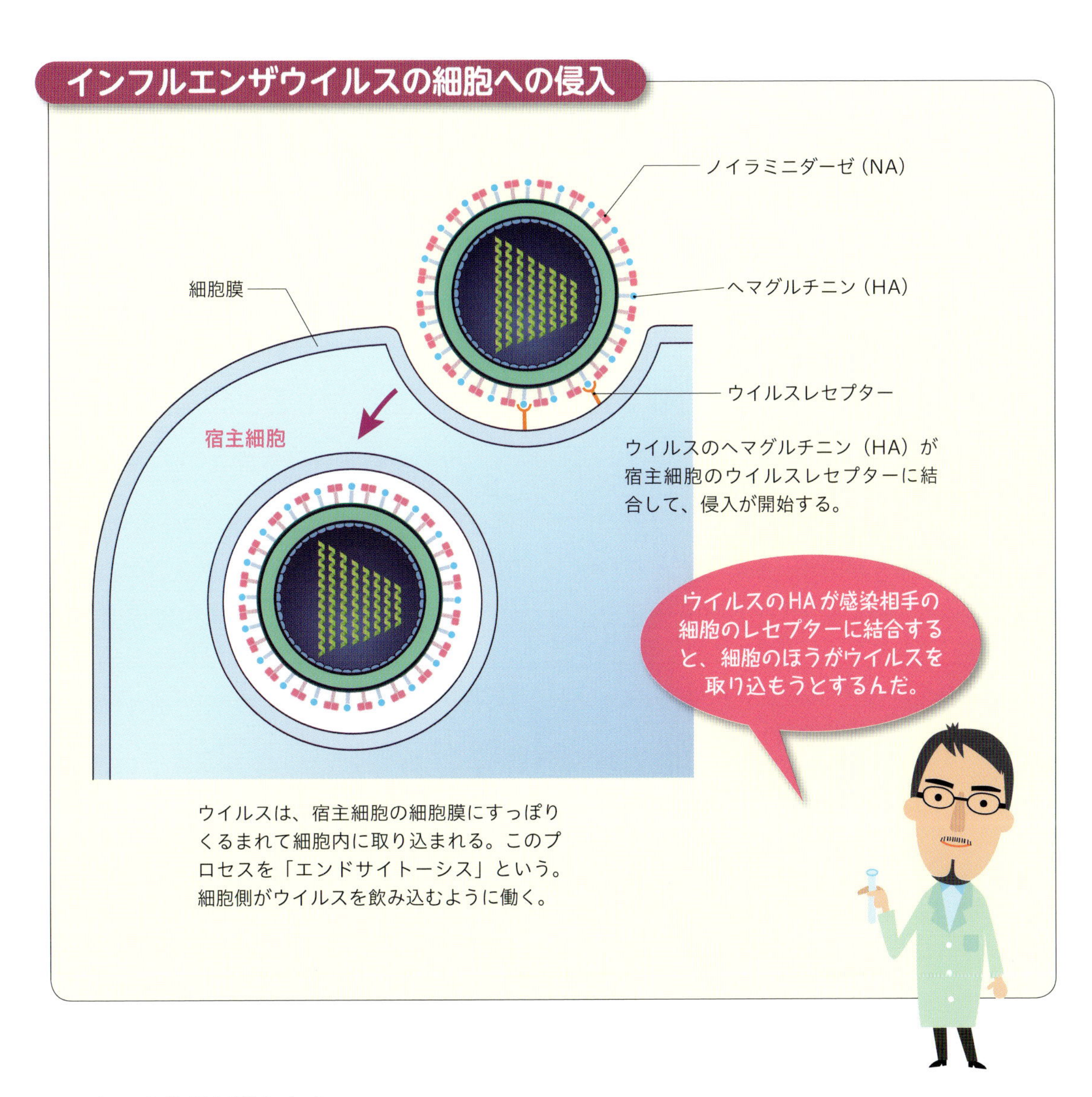

インフルエンザウイルスの細胞への侵入
ノイラミニダーゼ（NA）
ヘマグルチニン（HA）
細胞膜
ウイルスレセプター
宿主細胞
ウイルスのヘマグルチニン（HA）が宿主細胞のウイルスレセプターに結合して、侵入が開始する。
ウイルスのHAが感染相手の細胞のレセプターに結合すると、細胞のほうがウイルスを取り込もうとするんだ。
ウイルスは、宿主細胞の細胞膜にすっぽりくるまれて細胞内に取り込まれる。このプロセスを「エンドサイトーシス」という。細胞側がウイルスを飲み込むように働く。

ス」という作用が働きます。

「エンドサイトーシス」は、生物が生きていくための基本的な仕組みです。細胞は、細胞膜によって閉じられた空間の中でさまざまな化学反応を行い、そこで生成された産物によって生命活動を営んでいます。活動を維持するためには材料となる物質を細胞外から取り込む必要がありますが、タンパク質のような巨大な分子は細胞膜を通過できません。そこで細胞は、自ら大きなくぼみをつくって巨大分子を丸呑（の）みするようにしたのです。

インフルエンザウイルスは、細胞の物質取り込みの仕組みをうまく利用して、細胞内に侵入するわけです。

■細胞膜の融合と脱殻

細胞に丸呑みされたインフルエンザウイル

スは、そのまま宿主の細胞膜に包まれて細胞内に入ります。宿主の細胞膜でできたこの小胞（袋）を「エンドソーム」といいます。このままでは、ウイルスは何もできません。ウイルスが増殖するためには、小胞の膜を破り、ウイルスの遺伝子RNAを宿主細胞の細胞質へ送り込まなくてはなりません。

ここで働くのが、インフルエンザウイルスの膜タンパク質の1つ、M2タンパク質です。M2タンパク質は、水素イオンをウイルス内部に導入するイオンチャネルの機能をもっています。小胞の内部が酸性なので、M2タンパク質のチャネルが開き、水素イオンがウイルス内に流入すると、ウイルス内部も酸性になります。その結果、ウイルスの殻（外被膜）に固定されていたRNAおよび構成タンパク質（RNAタンパク質複合体）が離れやすくなります。

HAとウイルスの不活化

ウイルスが感染相手の宿主細胞に吸着するためには、外被膜から突き出ているスパイクタンパク質HA（ヘマグルチニン）が正常に機能することが必要です。もしHAが物理的に破壊されたり、化学的に変性したりすれば、ウイルスは細胞に吸着する能力を失います。ウイルスが感染性を失うことを「不活化」といい、不活化したウイルスはもはや自分自身を複製することはできません。いうなれば「ウイルスの死」です。この不活化ウイルスをワクチンとして利用することもあります。

ここでさらに重要な働きをするのがHAです。HAは立体構造が変化して、小胞（エンドソーム）の膜とウイルスの外被膜を融合させます。**膜融合**によって開口し、宿主細胞の細胞質とウイルスの内部がつながり、ウイルスのRNAタンパク質複合体が細胞質の中に放出されるのです。この一連の過程を「**脱殻**」といいます。

■ウイルスRNAの複製とタンパク質合成

脱殻によって放出されたインフルエンザウイルスのRNAタンパク質複合体は、宿主細胞の核の内部に入り込みます。そこで宿主の材料を使って、ウイルス自身のRNAや部品タンパク質をつくります。材料はすべて宿主細胞にあるものを拝借します。

ウイルスは自分自身を複製するために、まず遺伝子RNAを合成する酵素「RNAポリメラーゼ」を優先してつくります。感染直後には、RNAポリメラーゼと複製するための鋳型となるRNAがまずつくられます。

そのあと、RNAポリメラーゼを使ってウイルスRNAをどんどん複製し、並行して、RNAの遺伝情報を写し取ったメッセンジャーRNA（mRNA）がつくられ、mRNAによってウイルス外被膜を裏打ちするM1タンパク質や外被膜のスパイクタンパク質HAやNAなど、ウイルス粒子の部品となるタンパク質を大量に合成していきます。

■ウイルス粒子の形成と放出

新たに合成されたウイルスRNAとRNAポリメラーゼなどは、核内で結合し、RNAタンパク質複合体を形成します。これに合わせ

インフルエンザウイルスの細胞内での増殖

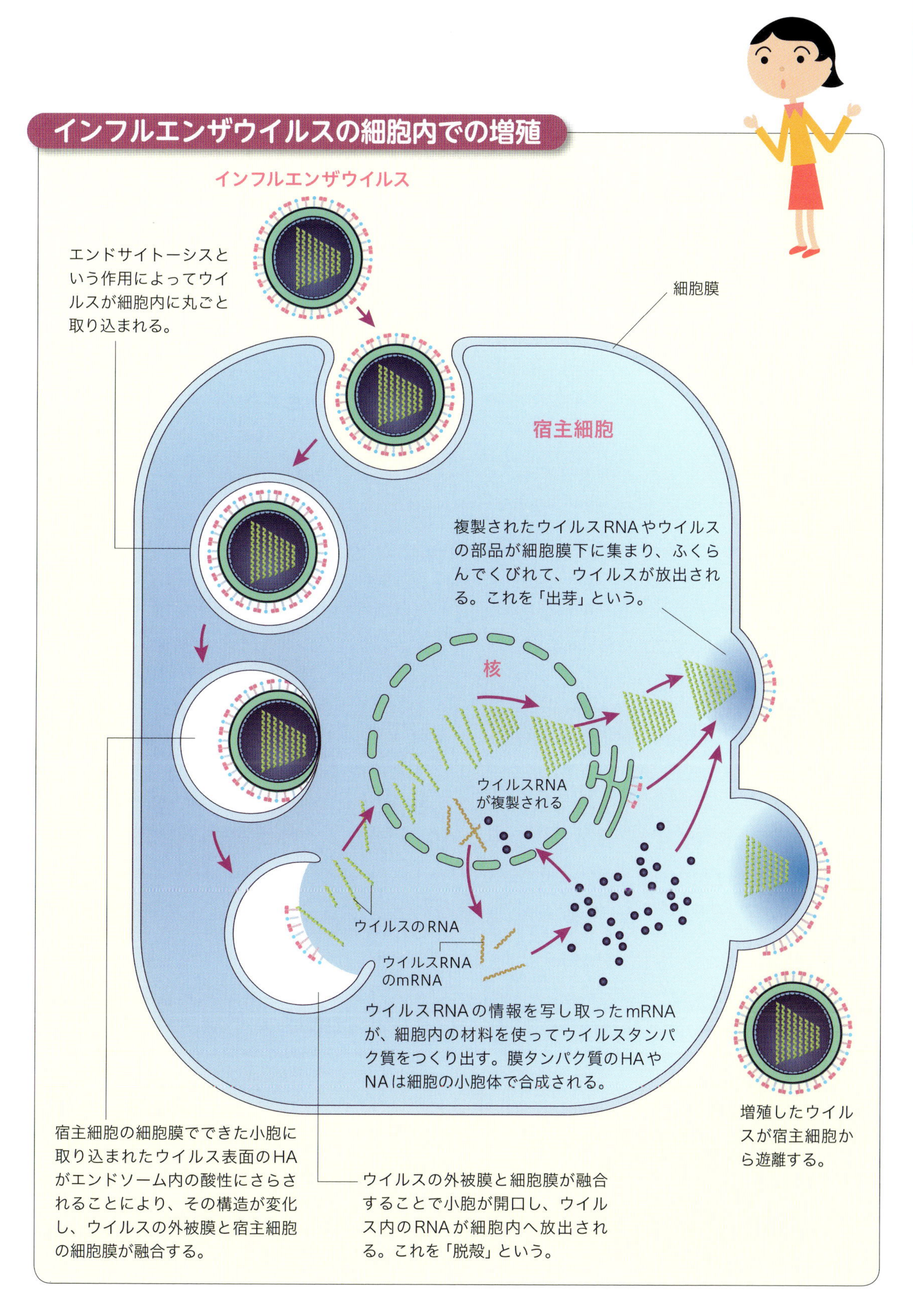

インフルエンザウイルス
エンドサイトーシスという作用によってウイルスが細胞内に丸ごと取り込まれる。
細胞膜
宿主細胞
複製されたウイルスRNAやウイルスの部品が細胞膜下に集まり、ふくらんでくびれて、ウイルスが放出される。これを「出芽」という。
核
ウイルスRNAが複製される
ウイルスのRNA
ウイルスRNAのmRNA
ウイルスRNAの情報を写し取ったmRNAが、細胞内の材料を使ってウイルスタンパク質をつくり出す。膜タンパク質のHAやNAは細胞の小胞体で合成される。
増殖したウイルスが宿主細胞から遊離する。
宿主細胞の細胞膜でできた小胞に取り込まれたウイルス表面のHAがエンドソーム内の酸性にさらされることにより、その構造が変化し、ウイルスの外被膜と宿主細胞の細胞膜が融合する。
ウイルスの外被膜と細胞膜が融合することで小胞が開口し、ウイルス内のRNAが細胞内へ放出される。これを「脱殻」という。

てM1タンパク質なども核内に移行し、一緒になって核外へと輸送され、ウイルス出芽の場である細胞膜下に運ばれます。

一方、ウイルス外被膜の膜タンパク質であるHA、NA、M2は、宿主細胞の小器官「小胞体」で合成されたあと、細胞膜へと運ばれて膜上に並べられていきます。そして細胞膜下のRNAタンパク質複合体を包み込み、袋のようなくびれが生じ（**出芽**）、「子供のウイルス」を遊離しようとします。

しかし、このままでは、「子供のウイルス」は宿主の細胞膜に存在するレセプター先端のシアル酸と結合しているため、細胞から離脱できません。ここでウイルスのスパイクタンパク質NA（ノイラミニダーゼ）が働きます。NAはシアル酸を切断する酵素の働きをもつタンパク質です。ウイルスのHAとシアル酸との結合部分を切断し、ウイルス粒子を細胞表面から切り離します。

HAがウイルスの侵入時に必要な「接着剤」なら、NAは宿主細胞からウイルスが離れるときに必要な「ハサミ」の役割をします。

インフルエンザウイルスが遊離する際、細胞膜の一部がウイルス粒子と一緒にもぎ取られます。これがウイルスの外被膜になります。つまりウイルスの外被膜とは、宿主の細胞膜をそのまま横取りしたものなのです。

■スパイクタンパク質HAの開裂

最後に、ウイルスの子供が感染能力をもつ完全なウイルスになるためには、もう1つ工程が必要です。HAは宿主細胞内で一本のタ

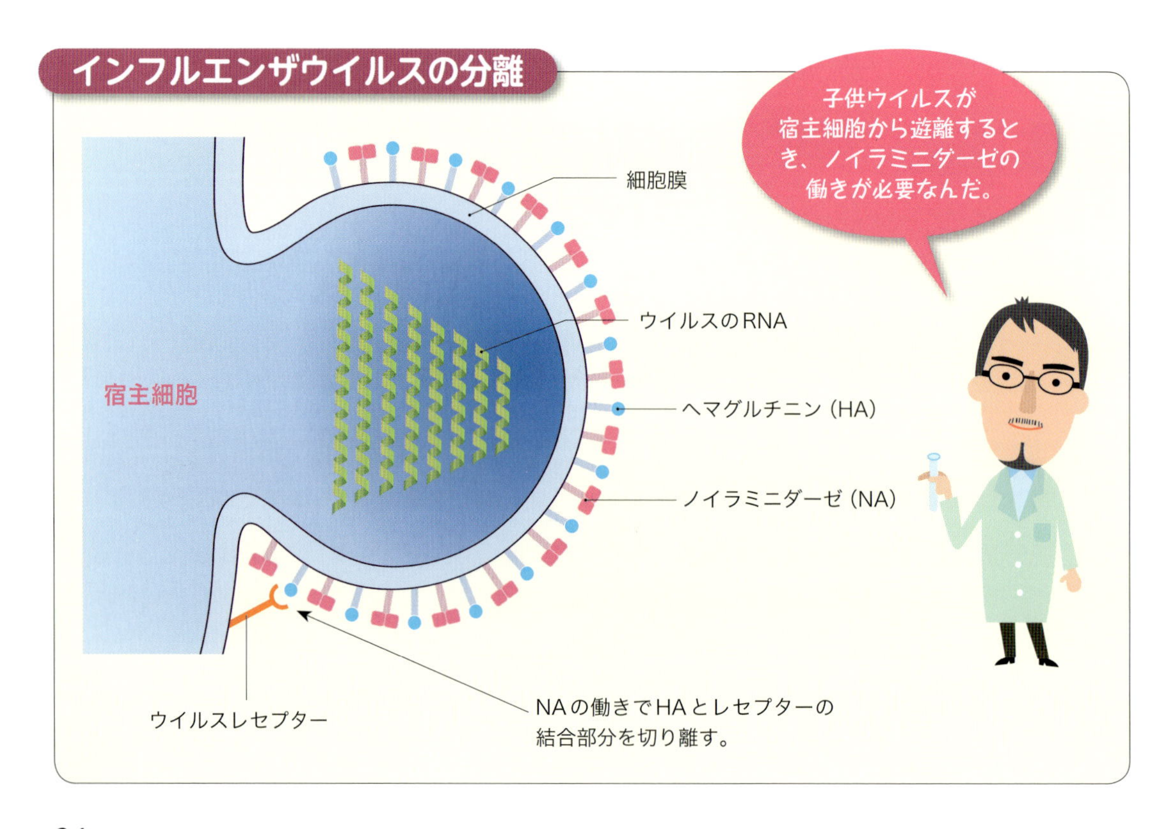

ンパク質として合成され、ウイルス膜上のスパイクタンパク質となります。そのままでも「接着剤」として感染相手の細胞にあるレセプターと結合できますが、実はそのあと細胞内に侵入してから、小胞（エンドソーム）とウイルス外被膜との膜融合を起こすことができません。つまり、そのままでは侵入してもウイルスRNAを細胞質へ放出できず、増殖できないのです。

膜融合能力を得るためには、HAが宿主細胞のもつタンパク質分解酵素によりHA1とHA2の2つに切り離される必要があります。これを「**開裂**」といいます。開裂はインフルエンザウイルスの病原性の強弱を決める重要なファクターです。ウイルス自体はタンパク質分解酵素をもたないので、開裂は宿主細胞に頼ります。

高病原性鳥ウイルスの場合は、子供のウイルスが宿主細胞から飛び出す前に、HAの開裂が行われます。

一方、低病原性鳥ウイルスでは、宿主細胞内ではHAの開裂が行われません。子供ウイルスが外部へ放出される際、あるいは感染相手の気道などに入り込む際に、気道表面の上皮細胞がもつ宿主のタンパク質分解酵素によってHAが開裂され、はじめて感染能力を得るのです。

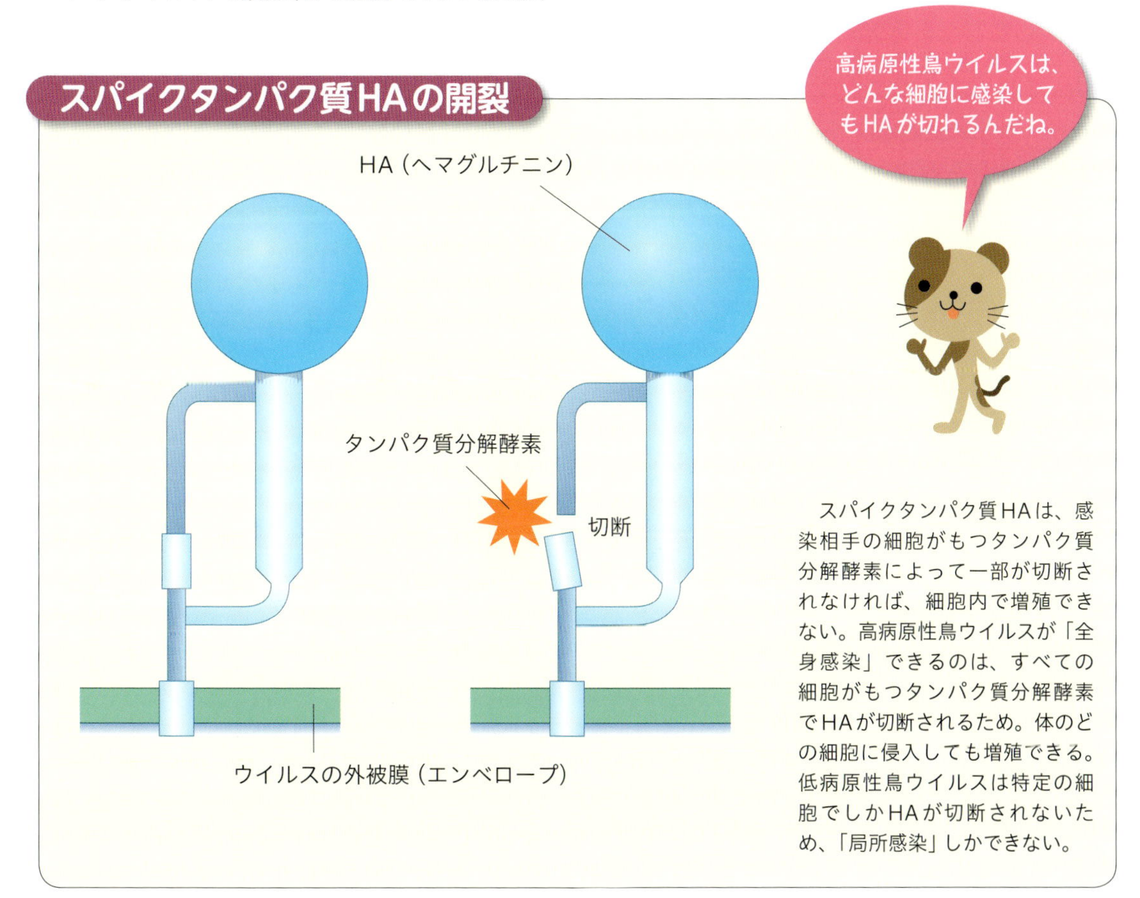

スパイクタンパク質HAの開裂

スパイクタンパク質HAは、感染相手の細胞がもつタンパク質分解酵素によって一部が切断されなければ、細胞内で増殖できない。高病原性鳥ウイルスが「全身感染」できるのは、すべての細胞がもつタンパク質分解酵素でHAが切断されるため。体のどの細胞に侵入しても増殖できる。低病原性鳥ウイルスは特定の細胞でしかHAが切断されないため、「局所感染」しかできない。

「種の壁」を越えたウイルス

インフルエンザウイルスの特徴は、感染力の強さに加えて、ヒトや鳥、豚など「種の壁」を越えて感染することです。今では「人獣共通感染症」として、インフルエンザウイルスが、ヒト、鳥、豚など異なる動物種の間でも感染することが当たり前のように思われていますが、かつてはそうではありませんでした。

■ヒトウイルスの起源は水鳥に

1970年代半ばまで、ウイルス学者の間でもインフルエンザウイルスには「種の壁」があると信じられていました。植物ウイルスが植物にしか感染しないように、動物ウイルスもふつうは鳥類や哺乳類など、特定の種の間でしか感染しないと考えられていたのです。鳥インフルエンザウイルスが「種の壁」を越えてヒトに感染するはずがないと。

それがくつがえったのは、ウイルス学者ロバート・ウェブスターの研究がきっかけでした。ウェブスターは、70年代にヒトインフルエンザウイルスと鳥インフルエンザウイルスの関連性を世界で初めて指摘し、ヒトや豚など哺乳類のインフルエンザウイルスの起源が、野生のカモなど水禽類（すいきんるい）（水鳥）のもつ鳥インフルエンザウイルスだったことを突き止めました。

ヒトインフルエンザウイルスが水鳥のウイルスに由来するということは、鳥ウイルスがヒトに感染したことを意味します。

■H5N1亜型鳥ウイルスがヒトに感染

しかし、鳥インフルエンザウイルスがヒトに感染することに世界中が驚いたのは、1997年、香港で発生したH5N1亜型鳥インフルエンザウイルスの3歳男児への感染でした。感染後、男児は死亡。H5N1亜型の鳥ウイルスは致死率が約60％と高く、その後も感染は広がり、2017年9月末までに全世界で860人が感染し、454人が死亡しました。

このときまでは、鳥のウイルスがヒトに感染し、重篤な症状を示すくらい増殖することに疑問を抱くウイルス学者がいたのです。なぜなら、ウイルスがヒトに感染するためには、ヒトの細胞表面にウイルスが結合できるレセプターが必要ですが、1990年、ヒトの呼吸器の気管支にはヒトのウイルスが結合できるレセプターは存在しても、鳥のウイルスが結合できるレセプターは存在しないという研究報告が出ていたからです。

■鳥ウイルスのレセプターがヒトに!?

なぜH5N1亜型鳥インフルエンザウイルスは、ヒトに感染できたのでしょうか？

インフルエンザウイルスが感染するには、ウイルス表面のスパイクタンパク質HAが結合できるレセプターが相手側の細胞に必要です。レセプターは、末端にあるシアル酸と糖が結合した糖鎖でできています。

少し専門的になりますが、H5N1亜型鳥インフルエンザウイルスのHAが結合できるレセプターは、シアル酸と糖がα2-3結合したタイプでした。ヒトの気管支細胞に存在すると報告されていたレセプターは、シアル酸と糖がα2-6結合したタイプです。鳥ウイルスは、α2-6結合タイプのレセプターは認識できません。

ところが、近年の研究で、ヒトの呼吸器の奥深く、肺の中の細気管支と肺胞の細胞に

インフルエンザウイルスは
細胞表面のレセプターに
結合できると感染するんだ。

ヒト体内のインフルエンザウイルスのレセプター

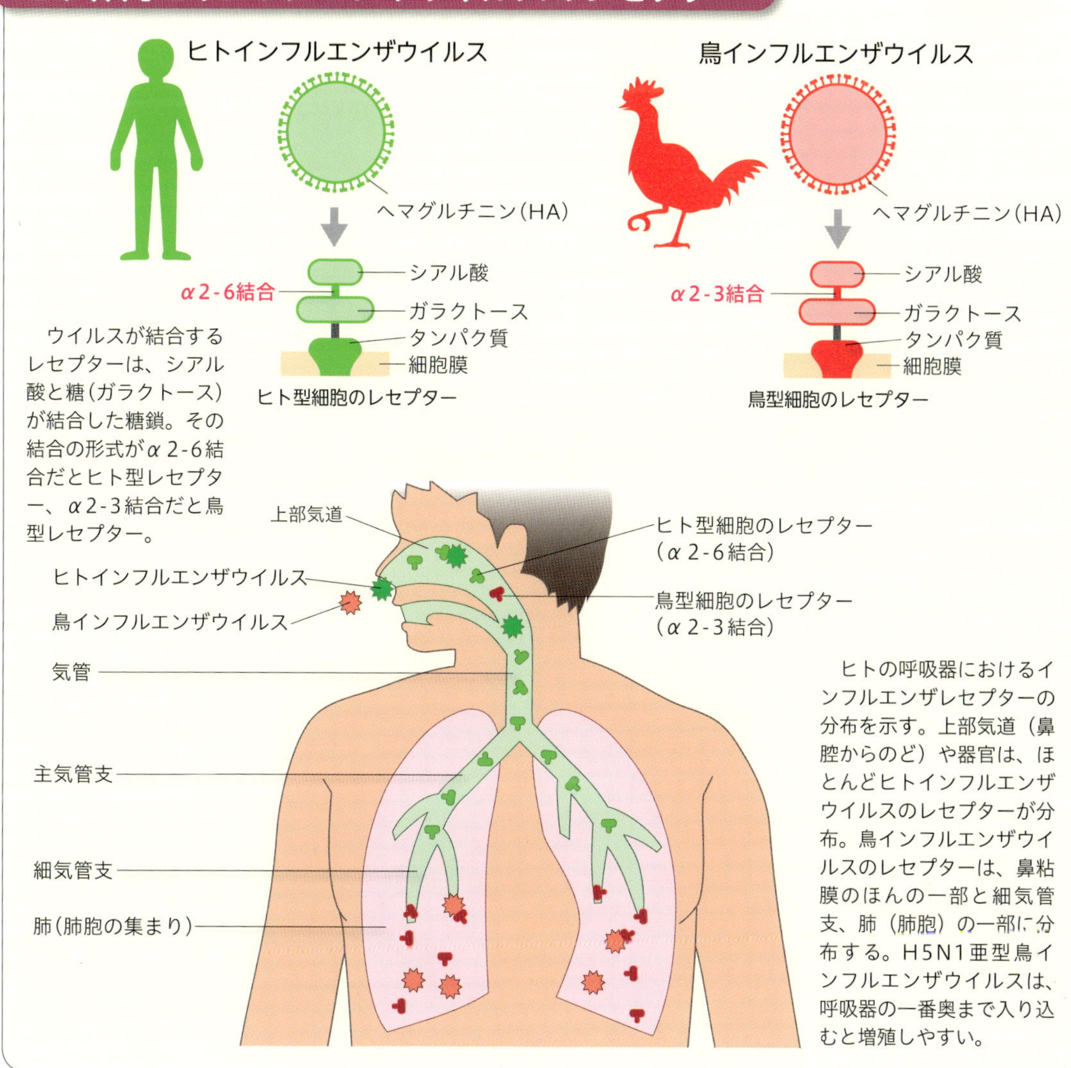

ウイルスが結合するレセプターは、シアル酸と糖(ガラクトース)が結合した糖鎖。その結合の形式がα2-6結合だとヒト型レセプター、α2-3結合だと鳥型レセプター。

ヒトの呼吸器におけるインフルエンザレセプターの分布を示す。上部気道(鼻腔からのど)や器官は、ほとんどヒトインフルエンザウイルスのレセプターが分布。鳥インフルエンザウイルスのレセプターは、鼻粘膜のほんの一部と細気管支、肺(肺胞)の一部に分布する。H5N1亜型鳥インフルエンザウイルスは、呼吸器の一番奥まで入り込むと増殖しやすい。

は、シアル酸と糖がα2-3結合したタイプの鳥型レセプターが存在することがわかったのです。H5N1亜型鳥ウイルスは、養鶏業者や生きた鶏を調理する人のように、ウイルスを大量に吸い込む濃厚接触があるときのみ、肺の中まで侵入し、ヒトに感染していたのです。インフルエンザウイルスは、ヒト、豚、鳥に感染するほか、猫、馬、犬、虎、アザラシなど幅広い動物種に感染します。特に豚の呼吸器にはヒト型レセプターと鳥型レセプターの両方が存在し、ヒトインフルエンザウイルスにも鳥インフルエンザウイルスにも感染しやすく、鳥→豚、ヒト→豚、豚→ヒトなど、種を越えた感染を頻繁に起こし、遺伝子の変異を蓄積していきます。そうやって人類が初めて遭遇するウイルスが出現するのです。

ウイルスの病原性と症状

■ウイルスは「毒」を産生しない

インフルエンザウイルスを語るとき、「強毒（型）」「弱毒（型）」という表現が使われることがあります。これについては誤解も多いようなので、ここで説明しておきましょう。

強毒、弱毒というのはウイルスの病原性を示す表現で、強毒は「**高病原性**」、弱毒は「**低病原性**」という意味になります。慣例上、強い病原性＝高病原性＝強毒、弱い病原性＝低病原性＝弱毒という使い方がなされます。

この「毒」という言葉ですが、ウイルスに当てはめる場合、本来このような使い方は正しくありません。ウイルスは一部の細菌とは異なり、毒素を産生しませんし、ウイルス自体（遺伝子や殻）にも毒性はありません。毒によって、相手を傷つけるわけではないのです。

インフルエンザウイルスの病原性とは、感染した相手の細胞内で増殖し（その際に細胞を破壊し）、その結果、相手に病的な症状をもたらすということなのです。病原性は「強い」＝「症状が重い」、「弱い」＝「症状が軽い」ということになります。

では、病原性の強さの違いは、何によってもたらされるのでしょう。それは感染相手の体内で、ウイルスが感染できる臓器の種類と範囲、増殖速度の違いによって決まります。感染できる臓器の種類が多くて範囲が広いほど、そして増殖速度が速いほど、病原性が強くなるのです。

■全身感染か局所感染か

インフルエンザウイルス（A型）は、感染動物の多い人獣共通感染症のウイルスですが、そのなかの鳥インフルエンザウイルスを例にとりましょう。

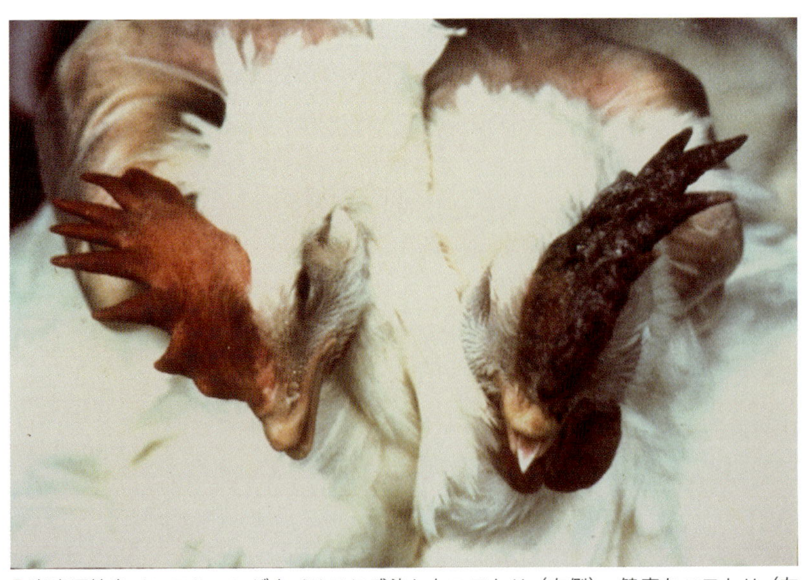

●高病原性鳥インフルエンザウイルスに感染したニワトリ（右側）。健康なニワトリ（左側）に比べ、本来は赤く見えるトサカが、皮下出血を起こし、どす黒く変色している。
（写真提供：河岡義裕）

全身感染したニワトリは、トサカの色も皮下出血で変わるんだ。

「弱毒」の低病原性鳥インフルエンザウイルスは、ニワトリに感染すると軽い呼吸器症状と下痢などを引き起こします。ウイルスはニワトリの呼吸器と腸管でのみ増殖し（**局所感染**）、症状も軽くてすみます。

一方、「強毒」の高病原性鳥インフルエンザウイルスは、ニワトリに対し重篤（じゅうとく）な全身性感染を引き起こします。ニワトリの脳を含む全身の臓器で増殖し（**全身感染**）し、感染したニワトリは早ければ感染後24時間以内、遅くとも1週間で死亡します。全身感染は高病原性の一要因で、写真（p.38）のニワトリ（右）は高病原性鳥インフルエンザに感染した例です。

高病原性鳥インフルエンザウイルスは、すべての細胞がもつタンパク質分解酵素によってHAが開裂されるため、全身感染が起こるんだ。

■ウイルスのHAの違いと病原性

全身感染か局所感染か、それを決めるのはスパイクタンパク質HA（ヘマグルチニン）の構造の微妙な違いです。

ウイルスが感染相手の細胞に侵入するときは、HAが細胞のレセプターに結合します。さらにHAは、ウイルスが細胞内で増殖する際にも必要とされ、そのときはHAの一部が切断される「開裂」が起きていなければなりません（→p.35参照）。

HAの開裂はウイルス自身ではできません。感染相手の細胞がもっているタンパク質分解酵素によってHAの一部が切断されます。

高病原性鳥インフルエンザウイルスは、このHAの開裂がすべての細胞で起こるので、感染相手の全身どこでも感染できるのです。

これに対し、低病原性鳥インフルエンザウイルスは、HAの開裂が、呼吸器と消化管に存在するタンパク質分解酵素でしかできません。つまり、呼吸器と消化管の局所感染しかできないことになるのです。

■H5N1亜型ウイルスの場合

近年問題視されているH5N1亜型鳥インフルエンザウイルスは高病原性のウイルスです。

感染したニワトリを全滅させるだけでなく、ヒトに感染したときも重篤な症状を引き起こします。1997年、香港で初めてヒト（男児）が感染して死亡しました。その後、次々と18人が感染し、そのうち6人が死亡しました。

本来、ヒトと鳥のウイルスは、細胞表面の結合できるレセプターがそれぞれ異なります。H5N1亜型ウイルスは、ヒトの呼吸器の奥深いところ（細気管支先端と肺）に鳥型レセプターが分布していたため、ヒトにも感染したのです（→p.37参照）。

感染者は、普通の季節性インフルエンザと同様に発熱および呼吸器症状を示しますが、重症例では肺炎を併発し、死亡することもあります。鳥ウイルスが結合できるレセプターが肺に分布しているため、肺で増殖し、重症の肺炎を引き起こすわけです。

また、ウイルスの増殖には温度（体温）が重要なこともわかっています。普通の鳥ウイルスが増殖しやすい温度は41度ですが、H5N1亜型はそれより低いヒトの体温で増殖しやすくなっていたのです(→p.52参照)。

免疫の異常とサイトカイン

H5N1亜型ウイルスの感染者の年齢は、生後3か月〜75歳と広範にわたりますが、このうちの90%は40歳以下の若年成人でした。致死率は10〜19歳の患者で最も高く、免疫力の強い若い世代ほど犠牲者が多いということになります。

H5N1亜型ウイルスの病原性が著しく強

免疫反応とサイトカインストーム

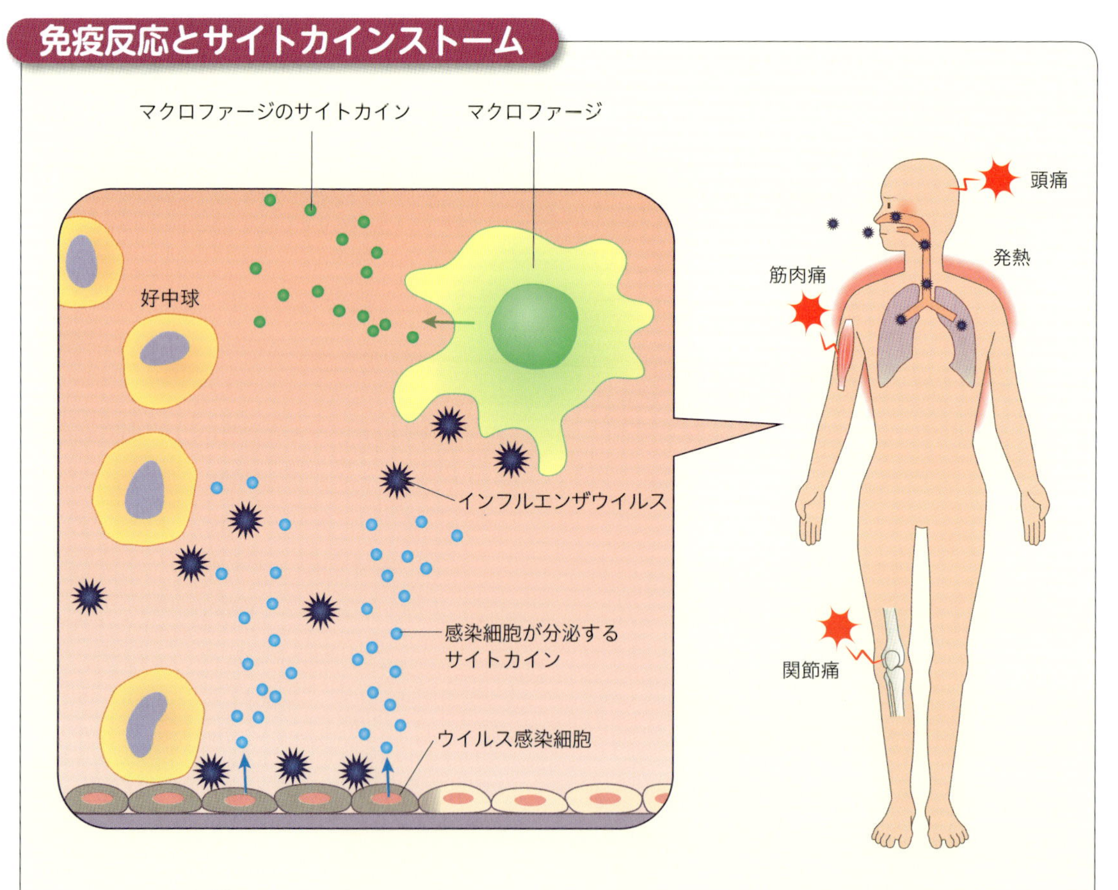

ウイルスを感知したマクロファージはサイトカインを分泌し、ほかの免疫細胞を活性化し、ウイルスを攻撃する免疫反応を高め、炎症を起こす。その過程で、頭痛や発熱、筋肉痛などを誘発する。感染細胞からの過剰なサイトカインの分泌は、好中球などを呼び集め、炎症をひどくしてしまう。

い要因として、3つ目に**サイトカインストーム**（サイトカインの過剰産生）による免疫システムの異常が考えられます。

サイトカインは、ウイルスに感染した細胞から分泌される生理活性物質の総称で、NK細胞（ナチュラルキラー細胞）や好中球、マクロファージなどの免疫細胞に働きかけ、ウイルスを攻撃し排除する免疫反応を促進します。サイトカインは免疫細胞からも分泌され、相互に作用し免疫反応を活発化します。

免疫反応が活発化すると、その場所で起こるのが「**炎症**」です。炎症反応は、皮膚で起こると腫れたり赤くなったりし、免疫細胞が働いていることを示しています。

炎症とは、免疫細胞がたくさん集まることで、戦場のあとが焦土と化すように、炎症を起こした組織や臓器が障害されます。肺炎とは、肺に起こる炎症であり、炎症がひどければ肺機能が著しく低下し、ときに命を落とします。

インフルエンザの症状である発熱、悪寒、筋肉痛、関節痛も、ウイルス増殖を抑えようと分泌されたサイトカインが、引き起こしてしまう生体反応なのです。

H5N1亜型ウイルスは、短時間に肺で大量に増殖するため、通常より多くのサイトカインが分泌されて、激しい免疫反応および炎症反応が起こり、全身の臓器が障害されてしまうのです。サイトカインストームによる免疫系の過剰反応が、致命的な症状をもたらしていると考えられます。

知って納得 ミニ知識

サイトカインの過剰分泌は、脳の中でも異常な免疫反応を引き起こすみたいだね。

インフルエンザ脳症とサイトカイン

インフルエンザにかかった幼児に、けいれん、意識障害、異常行動などの神経症状がみられるものを「インフルエンザ脳症」といいます。

よく似た症状をみせる「インフルエンザ脳炎」は、脳内にウイルスが浸潤して炎症を起こす場合をいい、インフルエンザ脳症では脳内からウイルスは検出されません。

インフルエンザ脳症の原因はすべて解明されているわけではありませんが、サイトカインの過剰産生による免疫反応の異常ではないかと考えられています。

体内に侵入したウイルスを免疫システムが排除しようとするとき、免疫反応を活性化するため、免疫細胞がサイトカインを分泌します。このサイトカインが過剰に分泌されて（サイトカインストーム）脳内にたまり、「高サイトカイン脳症」という状態になると、免疫反応が過剰になり、けいれん、意識障害、異常行動などを起こすようになります。

脳症の発症は急激で、感染から1～2日後、発熱後は数時間から1日以内に症状が現れます。症状が進むと全身状態が悪化し、命に関わることもあります。

特に有効な治療法はなく、対症療法（症状を抑えるだけの治療）のみとなります。抗インフルエンザ薬の投与は、発症予防や症状の悪化を防ぐ可能性はあります。

スペイン風邪はなぜ死者が多かったのか?

全世界で2000万～4000万人もの死者を出し、史上最悪といわれるスペイン風邪。感染すると40度近い高熱が出て、重度の肺炎を起こし、数日足らずで死亡した症例もあったといいます。スペイン風邪のウイルスは、どうしてこのような強い病原性を示したのでしょうか。

合成ウイルスをサルに感染

スペイン風邪ウイルスについては、米国のタウベンバーガーらが、アラスカの永久凍土に埋葬されていた遺体から採取したウイルスをもとに、その遺伝子の全暗号（全塩基配列）を、2005年に解読しています。

この解読結果をもとに、河岡義裕教授のチームが、2008年、スペイン風邪ウイルスの人工合成に成功しました。河岡教授らは、この合成ウイルスをヒトに近いカニクイザルに感染させ、どんな症状が現れるか、実験しました。

実験では10頭のサルを用意し、そのうちの7頭の鼻や気道にスペイン風邪ウイルスを入れて感染させました。比較対照のため、残りの3頭に普通の季節性インフルエンザウイルスを同じように感染させました。

結果は明白でした。スペイン風邪ウイルスに感染したサルは、次々に倒れ、感染8日目に全頭が死亡しました。

一方、季節性インフルエンザウイルスを感染させた3頭のサルは、最後まで食欲が落ちることもありませんでした。

感染実験で「溺死」したサル

この実験ではさまざまな事実が明らかになっています。季節性インフルエンザウイルスに感染したサルの肺と心臓は組織が正常なままだったのに対し、スペイン風邪ウイルスに感染したサルの肺では、肺の60～80%の領域で炎症（肺炎）を起こしていました。短時間のうちに肺でウイルスが急激に増殖した結果、組織が破壊されてしまったのです。

ウイルスに感染したサルの肺胞で何が起きていたか、よくわかる顕微鏡写真（p.43）があります。季節性インフルエンザウイルスを感染させたサルでは、肺胞の中が白く抜け、空気の入っている領域が見えます。正常な肺胞は空気の通り道であり、ここで酸素交換が行われて、呼吸ができるのです。

これに対し、スペイン風邪ウイルスを感染させたサルでは、空気ではなく血液の混じった浸出液が肺胞に充満しています。ここが液体で満たされてしまうと十分な酸素交換はできません。感染8日目のサルは、肺の中に大量の水がたまり、ほとんど呼吸ができない「溺死」寸前の状態でした。

これらの病理所見は、スペイン風邪で死亡した患者の病理所見にそっくりでした。

高い致死性の原因は？

スペイン風邪ウイルス（H1N1型）は、全身感染はなく、呼吸器だけの局所感染しかしません。それでもこうした突出した強い病原性を示すのは、なぜでしょう。

感染したサルの肺や気管支では、ウイルスが爆発的に増殖して、組織が破壊されています。ウイルスを攻撃する免疫機構も十分に働いていないようです。感染した組織の細胞を詳細に調べた結果、2つのことがわかりました。

1 ウイルス増殖を止めるように働くインターフェロンが十分に分泌されず、抗ウイルスの免疫反応が正常に機能していないこと。

2 好中球（白血球の一種）が非常に多く存在し、炎症反応が進んだこと（サイトカインストーム）。

インフルエンザウイルス感染実験のサルの肺の病理写真

季節性インフルエンザウイルス

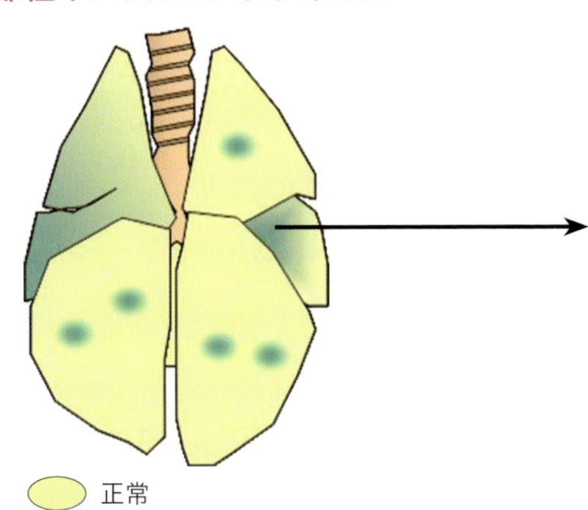

●感染8日目のカニクイザルの肺組織の顕微鏡写真。白い部分が多いところは正常な肺胞で、空気が充満している。ウイルスはほとんど認められず、組織障害も限定的である。

スペイン風邪ウイルス

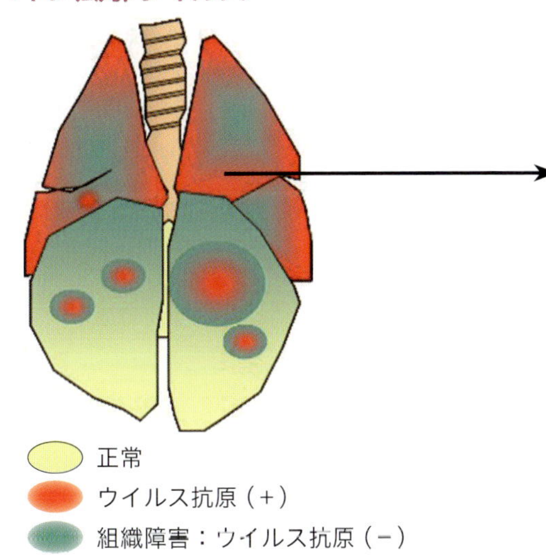

●感染8日目のカニクイザルの肺組織の顕微鏡写真。肺胞の組織が障害され、本来なら空気が充満しているべき白い部分がほとんどない。ウイルスが肺全体に広がっている。

（Kobasa et al., *Nature*. 2007、新矢恭子が撮影）

どちらも免疫機構の異常を示しています。1はウイルスの異常に速い増殖、2は組織破壊的な激しい炎症反応の原因です。好中球は炎症性細胞ともいわれ、感染部位から分泌された過剰なサイトカインによって呼び集められ、気管支や肺で活発に働き、炎症を起こしたのです。

スペイン風邪が、通常のインフルエンザと比較にならないほどの大量の死者を出したのは、感染者に異常な免疫反応を引き起こし、呼吸器組織を破壊したからと考えられます。

2009年のインフルエンザパンデミック

■21世紀初のパンデミック

2009年に発生した豚由来の新型インフルエンザウイルス（H1N1亜型）は、またたく間に世界各地に伝播し、21世紀で初めてとなるパンデミック（世界的大流行）を引き起こしました。

メキシコで「インフルエンザに似た感染症が広がっている」と初めて確認されたのは2009年3月18日。その後、4月にメキシコ3か所、アメリカ2か所において局地的な発生が確認されました。メキシコとアメリカの患者から採取されたウイルスは、ともに豚由来のH1N1亜型インフルエンザウイルスだったと確認されたため、WHOは4月27日に「新型インフルエンザの発生」を認めました。5月に入ると、ヨーロッパ諸国から感染事例が報告されるようになります。通常、インフルエンザは夏になると沈静化しますが、H1N1亜型の新型インフルエンザは夏を迎えた北半球でじわじわと広がり続けました。

日本でH1N1亜型新型インフルエンザの感染者が初めて確認されたのは5月9日、成田空港においてでした。感染者はカナダの学生交流事業に参加し、アメリカを経由して8日に帰国した高校生2人と40歳代の教師1人です。簡易検査でA型インフルエンザの陽性反応が出たため詳しく検査したところ、H1N1亜型の新型ウイルスに感染していることが判明しました。

世界中で感染が拡大し続けるなか、WHOは6月11日、H1N1亜型新型インフルエンザがパンデミックの状態にあることを宣言しました。そして、同年8月10日までに世界214の国・地域に伝播し、1万8449人の死亡者を出しました。

WHOはこの新型インフルエンザを、「Pandemic (H1N1) 2009」と名づけました。

日本でも大騒ぎに
なった新型インフル
エンザウイルスね。

● H1N1亜型インフルエンザウイルスの電子顕微鏡写真。ウイルスはほぼ球形をしているが、常に球形なのではなく、ひも状の細長い形（→p.46写真）になるなど、その形は変化する。
（写真提供：国立感染症研究所）

■ウイルスの正体はハイブリッド

新型インフルエンザウイルスは、鳥・ヒト・豚由来のインフルエンザウイルスの遺伝子再集合により誕生した雑種ウイルスです。ウイルスRNAの遺伝子解析から、以下のような経緯で誕生したと推測されています。

1918年のスペイン風邪に起源をもつ豚インフルエンザウイルス（H1N1亜型）は、世界各地の豚の間で長い間流行し続けてきました。そこに1997年から1998年にかけて異変が起こります。豚インフルエンザウイルスと、1968年の香港風邪に起源をもつヒトインフルエンザウイルス（H3N2亜型）、さらに北アメリカの野鳥の間で流行していた鳥インフルエンザウイルス（HAとNAの型は不明）が、豚の体内で遺伝子再集合を起こしました。3種類のウイルスのRNAが混じり合った雑種ウイルスが誕生したのです。

一方、ヨーロッパでは1979年、豚に鳥インフルエンザウイルスが感染し、これがヨーロッパの豚の間で流行していました。このウイルスが豚の体内で上記の雑種ウイルスと出合います。

2009年に発生した新型インフルエンザウイルスは、北アメリカで流行していた雑種ウイルスとヨーロッパで流行していた豚インフルエンザウイルスの合計4種が遺伝子再集合

2009年新型インフルエンザの発生状況

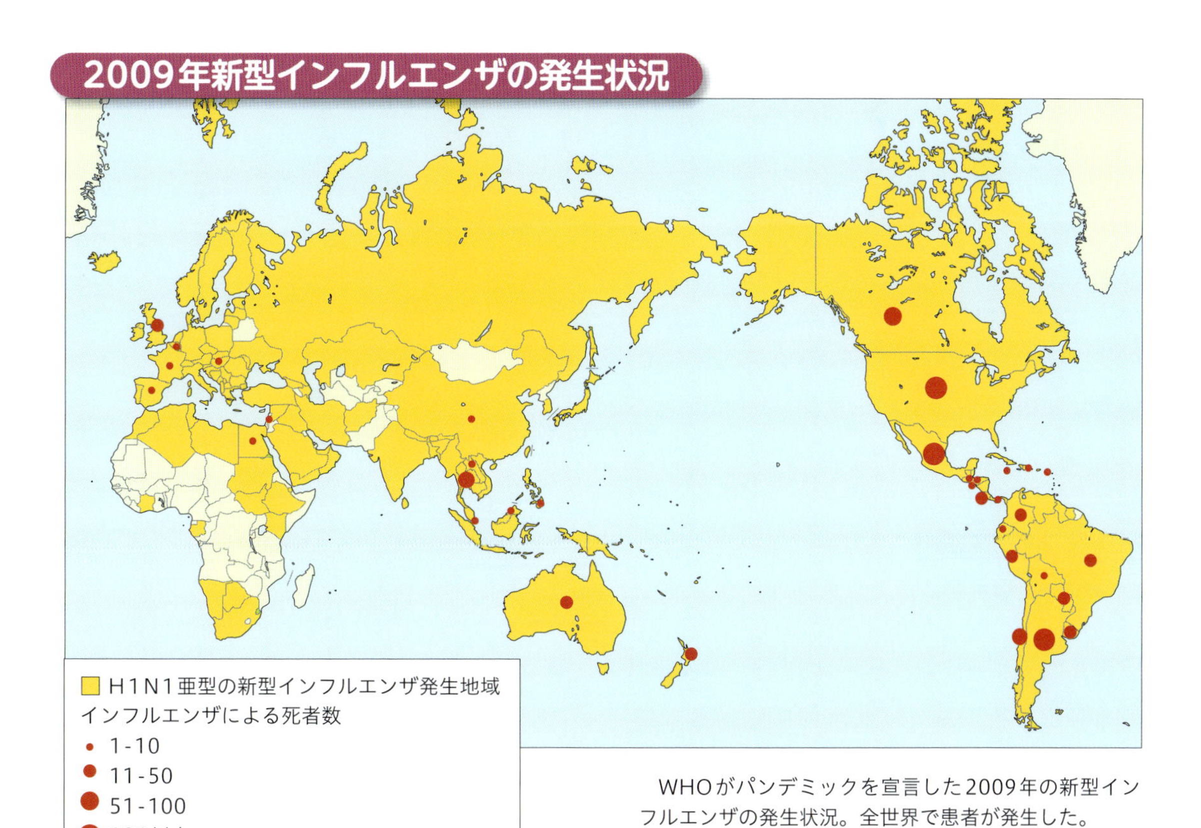

WHOがパンデミックを宣言した2009年の新型インフルエンザの発生状況。全世界で患者が発生した。
（2009年6月発表のWHOのデータから作成）

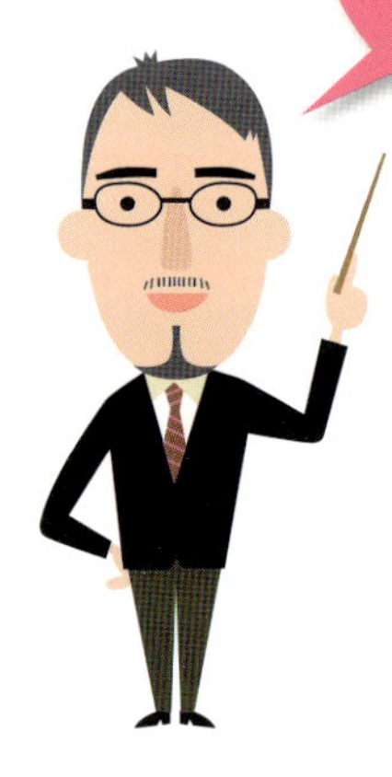

インフルエンザ
ウイルスは感染細胞
1個から数千個の
子供（あるいは子孫）
ウイルスを
つくり出すんだ。

●H1N1亜型新型インフルエンザウイルスが感染した細胞の電子顕微鏡写真。ウイルスは通常はひも状で、感染した細胞内から増殖した大量のウイルスが細胞表面に出てきて絡み合っている。　　（写真提供：野田岳志）

した結果誕生した「**ハイブリッドウイルス**」であり、これがヒトに感染しました（→p.51の図参照）。

■新型ウイルスの高い感染力

新型インフルエンザウイルス（以下新型ウイルス）はH1N1亜型ですが、過去に流行した季節性インフルエンザウイルス（以下季節性ウイルス）にもH1N1亜型はありました。それなら大多数の人がH1N1亜型に対する免疫をもっているはずなのに、なぜ感染が広がったのでしょうか。

それは、新型ウイルスと季節性ウイルスとでは由来が異なるため、表面のH1のタンパク質にもかなりの違いがあるからで、そのため季節性ウイルスのH1N1亜型に免疫をもつ人でも、新型ウイルスにさらされると、発症してしまうのです。

新型ウイルスが感染相手の細胞表面に密集している電子顕微鏡写真があります。ウイルスは通常はひも状で、感染した細胞から増殖した大量のウイルスが出てきています。

さらに、新型ウイルスが引き起こす症状は季節性ウイルスよりも重いものでした。新型ウイルスの病原性が強いことを、河岡義裕教授らのグループは、マウスやサルなどの動物を用いた感染実験で確かめています。

■動物実験で証明された強い病原性

季節性ウイルスH1N1亜型と新型ウイルスH1N1亜型をマウスに感染させて、その後の体重の変化を調べたグラフ（p.47）を見ると、新型ウイルスに感染した場合には体重が減少していることがわかります。ウイルスを10万個感染させた場合、新型ウイルスのほうはマウスの体重が減少するもやがて回復します。ところが100万個の新型ウイルスを感染させた場合ではマウスの体重はどんどん減少

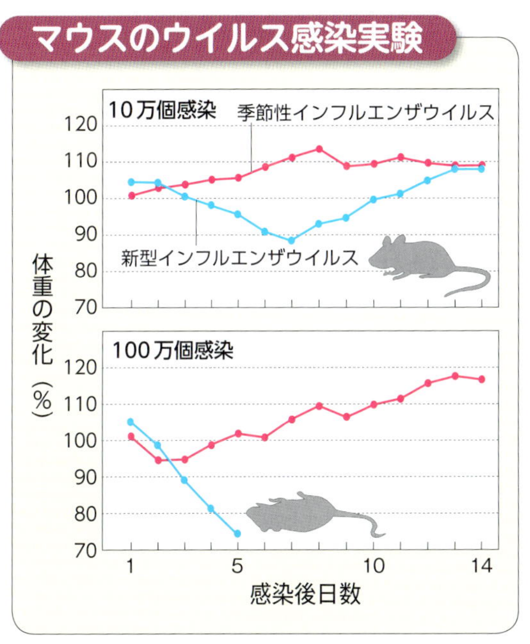

新型インフルエンザウイルスH1N1型を10万個感染させたマウスは体重減少だけだったが、100万個感染させると5日後に死亡した。

し、感染後5日目に死亡してしまいました。

ついで河岡教授のチームと滋賀医科大学と共同で行ったサルの感染実験でも、新型ウイルスの病原性の強さが証明されました。

カニクイザルをそれぞれ新型ウイルスと季節性ウイルスに感染させて、感染から3日目の呼吸器におけるウイルス量を調べてみたのです。すると、咽頭、気管、気管支、肺のいずれの部位でも新型ウイルスのほうが活発に増殖していることが確認できました。特に顕著な差が出たのが肺でした。季節性ウイルスは肺の一部でしか増えなかったのに、新型ウイルスは肺のすべての部位で大量に増殖し、そのウイルス量は季節性ウイルスの1万倍以上でした。

実験後、カニクイザルを病理解剖して肺の組織を調べたところ、新型ウイルスに感染したサルでは炎症が激しく、肺胞に浸出液が充満していました。肺胞が液体で満たされれば「溺れて」いるのと同じ状態になり、呼吸困難に陥ります。これはスペイン風邪ウイルスの重症患者の病理所見によく似ています。

メキシコやアメリカで報告されたH1N1亜型新型インフルエンザの死亡例では、肺でウイルス増殖が進んだ結果、命を落としたケースが多く見られました。通常の季節性ウイルスでは細菌の二次感染が原因の肺炎はあっても、ウイルス性肺炎になることは滅多にありません。新型インフルエンザの犠牲者を減らすには、適切で迅速な対応が必要なのです。

■日本は死亡例が少なかった

2009年新型インフルエンザに対し、WHOは2010年8月には、ポストパンデミック期（世界的流行は終わったが、依然としてウイルスは存在する）に入ったと宣言しました。同時期の日本でのインフルエンザに対する総括によると、感染者数に対し、死亡例の少ないことが特徴でした。日本では、死者約200人、死亡率0.16%です。米国では死者約1万2000人、死亡率3.96%、カナダでは死者428人、死亡率1.32%です。

日本で死亡例が少なかった理由は、インフルエンザ迅速診断キットの普及による適正診断の後に、抗インフルエンザ薬が早期から投与されたためと考えられます。

背景にあるのは日本の国民皆保険制度とインフルエンザに対する医療体制が以前から整備されていたことでしょう。この体制を今後もしっかり守っていきたいものです。

パンデミックが起こるとしたら？

■変異で生き延びるウイルス

ヒトのインフルエンザウイルス（A型）は、RNAウイルスのなかでも群を抜いて進化が早いのが特徴です。たとえば、ウイルス表面のスパイクタンパク質HAは常に小さな変異を起こしています。タンパク質であるHAは多数のアミノ酸が連結してできています。アミノ酸の種類は20種類あり、HAではアミノ酸の一部が別のアミノ酸に置き換わり、その配列が変化していくのです。その結果、HAの形状が少し変わります。こうしたメカニズムを「**抗原の小変異**」または「抗原の連続変異（antigenic drift：**アンティジェニック・ドリフト**）」と呼んでいます。

ここでいう「抗原」とは病原体の目印のことで、免疫細胞がつくりだす「抗体」がこの「抗原」に結合し、病原体を撃退します（免疫の詳しい仕組みは第3章を参照）。

インフルエンザウイルスは伝播力も非常に強く、これも連続的に変異を起こすことと無関係ではありません。のどなどの上部気道で増殖したウイルスは、咳やくしゃみで外へ飛び出し、飛沫感染によって、あっという間に社会に広がっていきます。

これほど伝播力が強いと、すぐにそのウイルスに対する免疫をもつ（体内に抗体ができる）ヒトばかりになり、元の形のままのウイルスは生き延びることができません。

抗体はHAに結合します。そこで、HAの形が少し変わったウイルスが現れると、それまでもっていた抗体は十分攻撃できず（免疫が弱い）、そのウイルスは再びヒトの間で流行します。インフルエンザが毎年のように流行をくり返すのは、ウイルスが常に変化している結果なのです。

■「抗原の大変異」とパンデミック

HAの形を少しだけ変える「抗原の小変異」よりさらに大胆な変異を行い、ガラリとその姿を変えてしまうメカニズムを「**抗原の大変異**」または「抗原の不連続変異（antigenic shift：**アンティジェニック・シフト**）」といいます。「ドリフト（揺れ）」と違い、「シフト（転換）」ではHAあるいはNAそのものが別の型に置き換わってしまいます。

アンティジェニック・シフトは、1つの細胞に異なるタイプの複数のウイルスが同時に感染することで起こります。

宿主細胞に侵入したウイルスは自分のコピーをつくるため、遺伝子やタンパク質を一度バラバラに分解するのですが、このとき複数のウイルスの遺伝子のパーツが混ざり合います。これを「**遺伝子再集合**」といいます。

遺伝子再集合の結果として、元のウイルスとは違う別のウイルスが生まれます。抗原が「大変異」したウイルスは、「小変異」よりさらに対応が困難で、それまでのインフルエンザ感染で獲得した免疫も、準備したワクチンもまったく効果がありません。

1957年のアジア風邪（→p.18）や1968年の香港風邪（→p.19）のウイルスなど、誰も免疫をもっていないパンデミックウイルスは、こういうメカニズムで誕生しました。

■ウイルスの遺伝子再集合の実験

実際、遺伝子の再集合はどのように起こるのでしょうか。

抗原の小変異と大変異

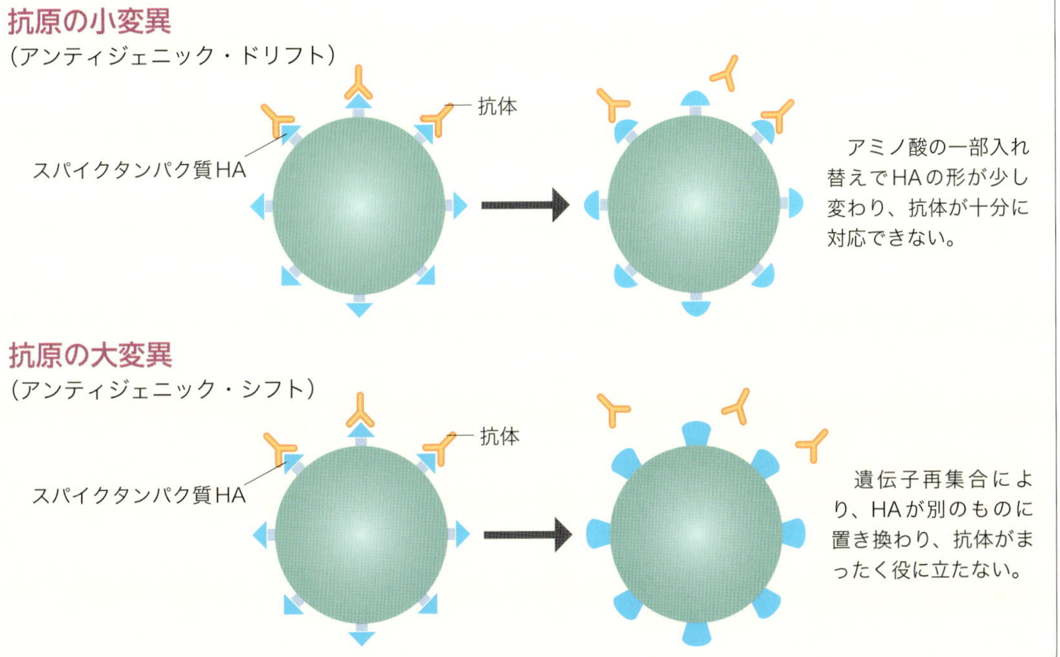

抗原の小変異
（アンティジェニック・ドリフト）

抗体

スパイクタンパク質HA

アミノ酸の一部入れ替えでHAの形が少し変わり、抗体が十分に対応できない。

抗原の大変異
（アンティジェニック・シフト）

抗体

スパイクタンパク質HA

遺伝子再集合により、HAが別のものに置き換わり、抗体がまったく役に立たない。

インフルエンザウイルスは8本の遺伝子RNAのパーツ（分節）をもっています。そのため、たとえば2つの異なる型のウイルスが1個の宿主細胞に同時に感染すれば、遺伝子交雑により理論上2の8乗＝256、つまり254＋2（元々の親株）種類の「**ハイブリッドウイルス**」が誕生します。

河岡義裕教授のチームは、ハイブリッドウイルスをつくる実験をしています。ニワトリがもつH5N1亜型鳥インフルエンザウイルスはヒトには感染しにくいのですが、ひとたび感染が成立すれば感染個体で強い病原性を示します。そこで、2009年にパンデミックを起こしたH1N1亜型ヒトインフルエンザウイルスとH5N1亜型鳥インフルエンザウイルス間で遺伝子再集合によるウイルスの作出を試みました。2つのウイルスを同時に1個の細胞に感染させたところ、33種類のハイブリッドウイルスを得ることができました。

いくつかのハイブリッドウイルスは、ヒトの肺由来細胞において元のウイルスよりよく増えることが確認されました。つまりヒトにおける病原性が強くなったわけです。

実験結果は、H1N1亜型ヒトインフルエンザウイルスがH5N1亜型鳥インフルエンザウイルスと容易に遺伝子再集合を起こし、ハイブリッドウイルスをつくり得ることを示しています。また、H5N1亜型とH1N1亜型ウイルスがともに豚に感染することを考慮すると、豚の体内で2つのウイルスのハイブリッドウイルスがつくられ、それがヒトに伝播する可能性が高いことがわかります。

■新型ウイルス誕生の4つのシナリオ

鳥由来のウイルスを先祖とするインフルエンザウイルスがヒトに感染し、世界的大流行を起こす新型ウイルスになるには、次の4つのシナリオが考えられます。

第一のシナリオは、鳥からヒトへ直接感染したウイルスがヒトの体内で変異を起こし、ヒトからヒトへ伝播しやすい形になるというものです。強い病原性をもち、十数年間ヒトへの感染が続いたH5N1亜型ウイルスが警戒されているのはこのためです。2013年に中国で出現したH7N9亜型の鳥インフルエンザウイルスも同様に警戒が必要です。

第二のシナリオは、鳥のウイルスとヒトのウイルスに同時感染したヒトの細胞内でウイルス遺伝子の遺伝子再集合が起こり、鳥由来のHA遺伝子をもつ伝播力の強い「ハイブリッドウイルス」が生まれるというものです。

第三のシナリオとして、豚を介して新型ウイルスが生まれる仕組みも考えられます。鳥のウイルスに感染した豚の体内でウイルスが変異するうち、ヒトに感染しやすいウイルスが誕生するというシナリオです。

最後の第四のシナリオも豚が関与するケースです。鳥のウイルスとヒトのウイルスに同時感染した豚の体内で遺伝子再集合が起こり、ヒトに感染しやすいハイブリッドウイルスができるというメカニズムです。豚がウイルス変異の仲介動物になりやすいのは、豚の呼吸器には鳥ウイルスのレセプターとヒトウイルスのレセプターの両方が存在するためです。

1957年に大流行したアジア風邪のウイルスも、1968年にパンデミックを起こした香港風邪も、ヒトのウイルスと水鳥のウイルスに同時感染した動物の体内でできたハイブリッドウイルスだということはわかっています。

2009年春に発生したH1N1亜型新型インフルエンザウイルスはさらに複雑で、スペイン風邪の子孫のウイルスをはじめ、4種類のさまざまなウイルスの遺伝子が豚の体内で混ざり合ってできたウイルスであるということが、遺伝子解析から判明しています。

■パンデミックの「最悪のシナリオ」

ヒトの世界でいま流行している季節性インフルエンザウイルスの型はH3N2亜型とH1N1亜型で、それ以外はすべて新型ウイルスになる可能性があります。ヒトはこの新型ウイルスに対してまったく免疫をもたないので、全世界を巻き込む大流行を起こす可能性が高くなります。免疫がないため重症化しやすく、大きな健康被害、多数の患者の発生をもたらし、重症患者や死亡者の数も相当な数に上ると考えられます。

厚生労働省の「新型インフルエンザ等対策有識者会議」は、2012年、新型インフルエンザウイルスで今後日本が受ける被害として、受診者が約2500万人、重度（致死率2%）の場合、入院患者が最大約200万人、死亡者が最大約64万人に上るだろうと推計しています。

新型インフルエンザが世界規模で流行する「最悪のシナリオ」では被害はどのくらいになるのでしょうか。

20世紀最悪のスペイン風邪のときは地球人口は約18億人、現在は4倍以上増えて約

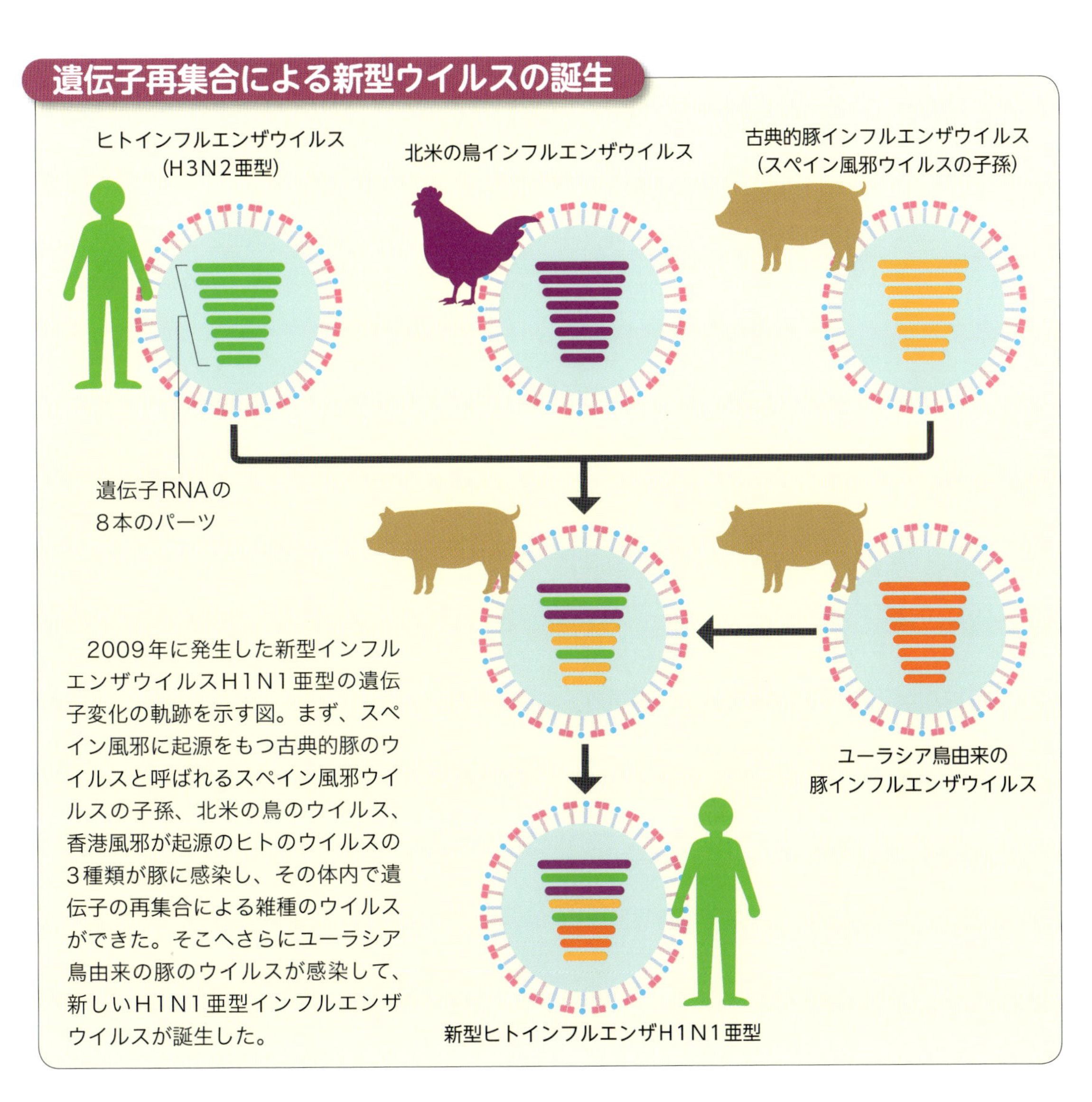

2009年に発生した新型インフルエンザウイルスH1N1亜型の遺伝子変化の軌跡を示す図。まず、スペイン風邪に起源をもつ古典的豚のウイルスと呼ばれるスペイン風邪ウイルスの子孫、北米の鳥のウイルス、香港風邪が起源のヒトのウイルスの3種類が豚に感染し、その体内で遺伝子の再集合による雑種のウイルスができた。そこへさらにユーラシア鳥由来の豚のウイルスが感染して、新しいH1N1亜型インフルエンザウイルスが誕生した。

76億人です。地球の面積は同じですから、それだけ人間の距離が近づいていることになり、インフルエンザウイルスがより広がりやすい環境になっています。

1918年当時の交通手段は鉄道、船でしたが今は大型ジェット機が加わっています。スペイン風邪は世界一周をするのに1年近くかかっていましたが、現在はまたたく間に新型インフルエンザウイルスは世界中に広がるでしょう。スペイン風邪のときは、4000万〜1億人が死亡したと推定されています。現在、同じ程度の病原性のウイルスが出現した場合、かなりの被害が出るかもしれません。これがH5N1亜型ウイルスのように強毒型で致死率が高い場合、国連と世界銀行が2008年に出した推定によれば、世界中で1億8000万〜2億5000万人が死亡するとみられています。

H5N1亜型とH7N9亜型の脅威

パンデミックを起こすかもしれないインフルエンザウイルスとして、高病原性の鳥インフルエンザウイルスH5N1亜型とH7N9亜型の2つが恐れられています。どちらもヒトへの感染力や病原性が変異を重ねることで次第に強くなりつつあると考えられています。

■アミノ酸1個の変異で高病原性に

ウイルスは「抗原の小変異」で触れたように、タンパク質のアミノ酸1個が変わるだけで病原性が変わります。

H5N1亜型鳥インフルエンザウイルスは「種の壁」を越えてヒトに感染しますが(→p.36)、問題は致死率60%という病原性の強さでした。マウスの実験と遺伝子解析から、その原因が体温によるウイルスの増殖スピードの違いにあると判明しました。

鳥インフルエンザウイルスが増殖する最適温度は41度（水鳥の腸管温度）、ヒトインフルエンザウイルスが増殖する最適温度はヒトの上部気道の温度である33度です。ヒトに感染したH5N1亜型鳥インフルエンザウイルスは、たったアミノ酸1個の変異（グルタミン酸→リシン）で、33度で最もよく増殖するウイルスに変わっていたのです。変異を起こしていたタンパク質は、ウイルスのRNAを合成する酵素RNAポリメラーゼの一部分でした。

H5N1亜型鳥インフルエンザウイルスには、41度で増殖する低病原性のものと33度で増殖する高病原性のものとが並存しています。ヒトへの感染が発生した1997年以降、監視を続けてきたウイルスですが、これまで全世界でのヒトへの感染者数860人、死亡者数454人です(2017年9月末、WHOによる)。日本では2004年にニワトリへの感染が発生しましたが、ヒトへの感染はまだ発生していません。感染者が予想ほど増えていないことと、ヒトへの感染力の増強を示す遺伝子変異がウイルスに確認できないため、それほど恐れる必要はないという意見もあります。

しかし、本当に安心できるのでしょうか。

一方、H7N9亜型鳥インフルエンザウイルスは、2013年中国で初めてヒトへの感染例が発生したあと、2016年冬には感染者が急増して中国全土に広がり、台湾（5例）、マカオ（2例）、カナダ（輸入症例2例）にまで飛び火しています。WHOによれば2017年9月末時点で、全世界で感染者数1564人、死亡者数612人、致死率は39%です。高病原性のウイルスであり、ヒトへの感染力が強くなっていることは間違いありません。

ただし、このウイルスにもパンデミックを起こすほど、ヒトへの感染力が強くなった遺伝子変異は確認されていません。

■感染力もアミノ酸1個で変わる

インフルエンザウイルスのヒトからヒトへの感染力の決め手となるのは、ウイルス表面のスパイクタンパク質HAです。HAがヒト細胞のレセプターに結合しやすい形状に変化すれば、パンデミックを起こすリスクが高まります。インフルエンザウイルスは鳥、豚、ヒトの間を行き来しながら遺伝子変異を頻繁に起こすウイルスでした。そしてHAの変化をもたらす遺伝子変異は、たった1個のアミノ酸の違いから発生するのです。こうした科学的事実を忘れることはできません。

第2章

病原性ウイルスの素顔と特徴

病原性ウイルスの感染力と致死率

インフルエンザウイルスを含めて、病気を引き起こす力があり、危険性の高い代表的なウイルスの致死性や伝播力（感染力）の強さがわかる一覧表を示します。

たとえば、エボラウイルスは「致死率が70%、感染させる伝播力は2人超」というよ

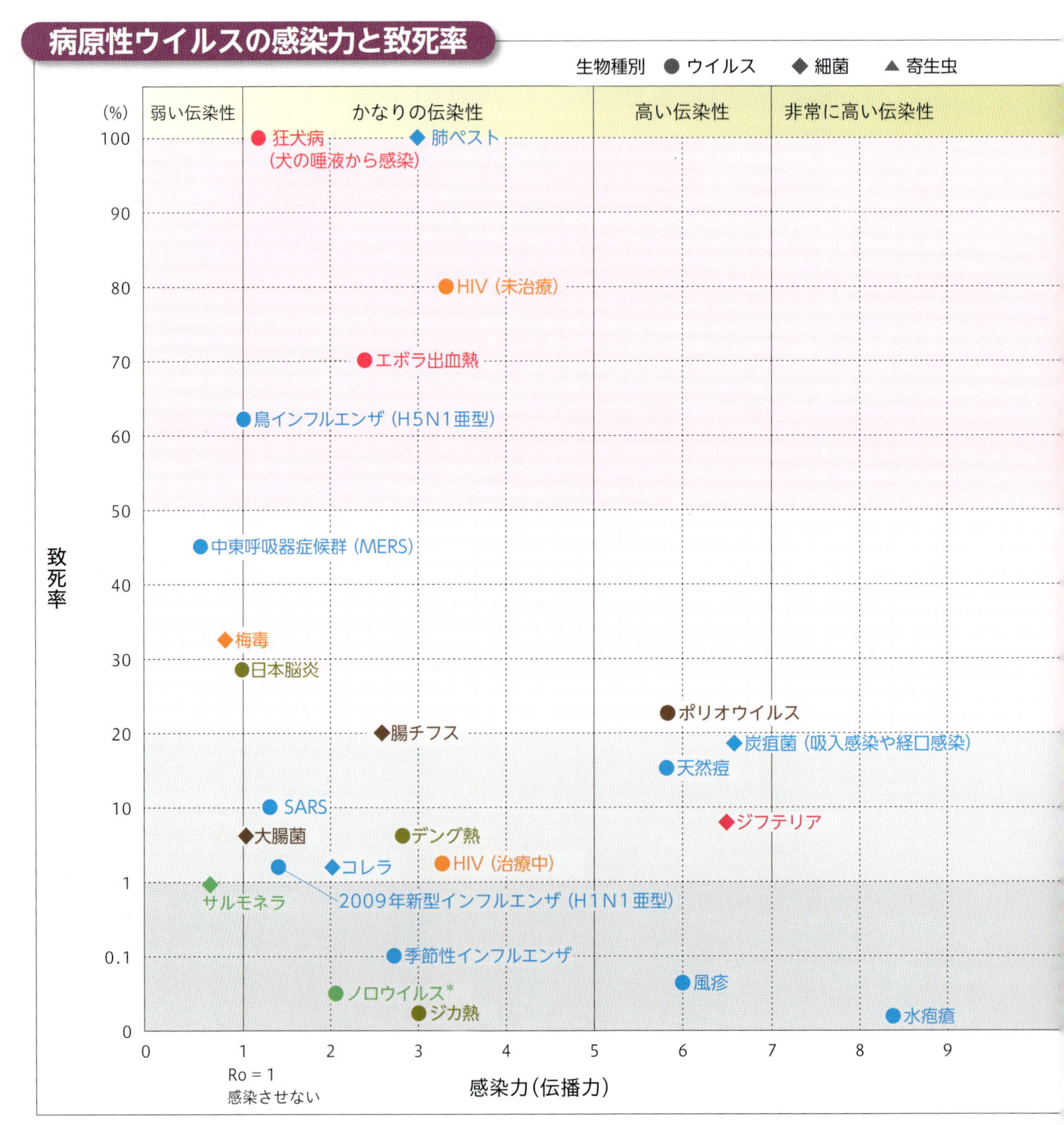

＊ノロウイルスは汚染食品、便や嘔吐物からの経口感染が主な感染経路だが、空気感染もある。

うに、それぞれのウイルスの特徴が表を見て理解できます。

第2章では、インフルエンザウイルス以外の、病原性が高いウイルスについて、プロフィールと特徴を紹介します。それぞれのウイルスの発症の経緯、構造、感染力、感染経路、症状、病原性と致死率、ワクチンの有無、抗ウイルス治療薬の有無などを解説します。

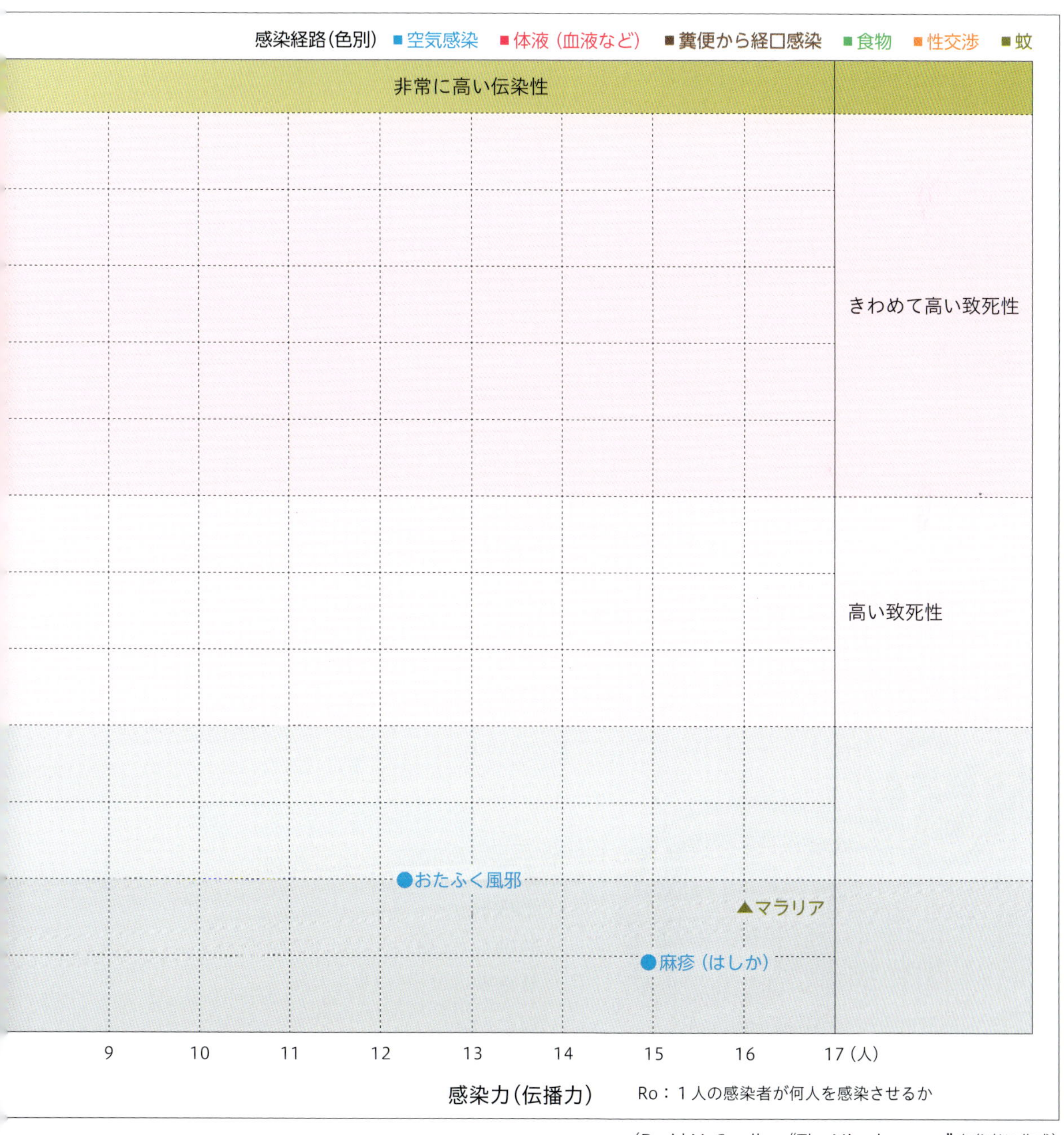

(David McCandless "The Microbe-scope" を参考に作成)

エボラウイルス

■世界を震撼させた出血性感染症

エボラウイルスの感染によって発症する「エボラウイルス病」は、通称「エボラ出血熱」とも呼ばれ、1970年代以降、中央アフリカ諸国（コンゴ民主共和国、スーダン、コンゴ共和国、ウガンダなど）という比較的広範な特定地域の風土病（1人～数百人規模の感染が40年間に20回以上発生）として知られていました。それが2014年に突然、西アフリカの3国（ギニア、リベリア、シエラレオネ）において大流行しました。

WHOによれば感染者数2万8637人、死亡者数1万1315人、致死率は約40％です。さらに、治療に当たっていた医療従事者を含む感染者が航空機で国外に移動した結果、エボラウイルス病はアフリカ大陸を離れて欧米諸国（スペイン、アメリカ、イタリア、イギリス）でも患者が発生し、世界中を震撼させました。

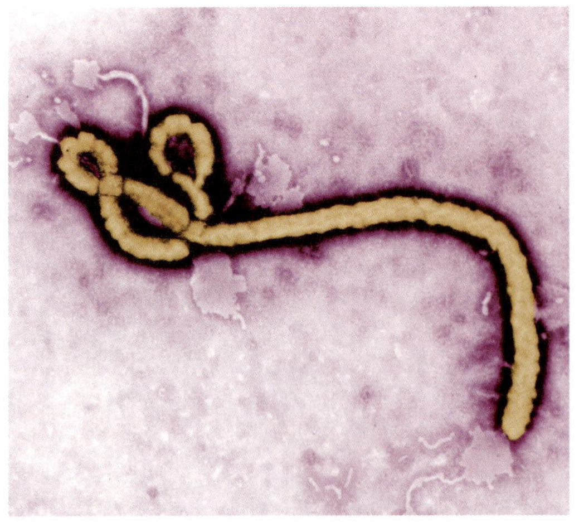

●エボラウイルスの電子顕微鏡写真（カラー着色）。細長いひも状の形が特徴的なウイルス。

（写真提供：CDC Global）

■感染の拡大から終息へ

西アフリカのギニアで2013年12月、2歳男児を最初の患者として始まったエボラウイルス病は、2014年3月に拡大し始めました。

WHOは4月エボラウイルス病であることを公表、5月に入るとリベリアとシエラレオネにも波及し、6月から大流行となりました。ギニア、リベリア、シエラレオネにおいては、流行の勢いを各国政府が制御できない状態に陥りました。多くの重症エボラ患者と一般患者に対する医療体制は能力を超えたため、機能しなくなっていきました。

突然の重大感染症の流行による混乱のなかで多くの人が倒れ、日常生活や社会機能の維持と継続に必要なライフライン（電気・ガス・水道・通信・輸送など）と、社会インフラストラクチャー（医療・福祉制度をはじめとする社会生活になくてはならない基本的なサービス体制）が崩壊しました。エボラ患者の遺体は道路に放置されたままで、誰も何もできず、ただエボラウイルス病におびえる人々の映像が世界中に配信されました。

エボラウイルスの特徴

大きさ	長径700～1500nm
遺伝子	RNA
感染力（伝播力）	やや強い（2～3人）
致死率	約70％
ワクチン	なし（開発中）
抗ウイルス治療薬	なし（開発中）
治療法	対症療法のみ

これらの事態を受けて国連安全保障理事会は2014年9月、緊急会議でエボラウイルス病の流行に対する安保理決議を採択、流行を終息させる国際支援がようやく動き始めました。その結果、2015年11月7日シエラレオネ終息宣言、同年12月29日ギニア終息宣言、2016年1月リベリアで3度目の終息宣言が出されました。

●2014年、アフリカのエボラウイルス感染地域では、エボラウイルス病の症状を説明する立て看板を設置し、注意を呼びかけた。
（写真提供：M. A. siddique）

エボラウイルス病の発生地域

- ● 動物にエボラウイルス病が発生した地域
- ★ エボラウイルス病の流行が起きた地域
- エボラウイルスの感染源とされるコウモリの行動圏
- 血清検査によってエボラウイルス感染が認められた国
- エボラウイルス病の輸入症例があった国
- エボラウイルス病の流行があった国
- 輸入されたサルにエボラウイルスが感染していた国
- サルやブタにエボラウイルスが感染した国

2014年WHOが発表した、ヒトと動物におけるエボラウイルスの感染状況。アフリカ中央部に最も深刻なエボラウイルス病のアウトブレイクが起こっている。

（WHOの2014年データより作成）

■エボラウイルス病の特徴

エボラウイルスに特徴的なことは、T細胞以外のほぼすべての細胞に感染することです。

潜伏期間と症状

エボラウイルスに感染すると、2～21日(多くの場合は7～10日)の潜伏期のあと、突然の発熱、頭痛、倦怠感、筋肉痛、咽頭痛などの症状が出ます。次に、嘔吐、下痢、胸部痛、出血(吐血および下血)などの症状が現れてショック状態となり、最悪の場合は発症7～10日で死に至ります。

エボラウイルスは血管壁の細胞を壊すため、体のいたるところから出血がみられるのが特徴です。

感染経路

エボラウイルスの感染経路は、患者の体液(血液、分泌物、吐しゃ物・排泄物など)や、患者の体液などに汚染された物質(注射針など)に対して十分な防護なしに触れた際、ウイルスが傷口や粘膜から侵入して感染します。また飛沫感染や空気感染もしません。したがって、エボラウイルス病はインフルエンザなどとは異なり、簡単にヒトからヒトに伝播する病気ではありません。病気のことを理解し、しっかりした対策を行うことで、エボラウイルスの感染を防ぐことができます。

流行地においては、エボラウイルスに感染したコウモリ(有力な自然宿主候補)、サル、アンテロープ(ウシ科の動物)などの死体やその生肉(ブッシュミート)に直接触れたヒトが感染することで、自然界から人間社会にエボラウイルスが持ち込まれたと考えられています。

WHOは、流行地でエボラウイルス病に感染するリスクが高い集団として、医療従事者、患者の家族・近親者、埋葬時に遺体に直接触れる参列者などを挙げています。

治療法とワクチン

現在、エボラウイルス病に対するワクチンや特異的な治療法はないため、患者の症状に応じた治療(対症療法)を行います。

ただし、ワクチンについては、米国国立衛生研究所(NIH)が開発したワクチンや、カナダ国立微生物学研究所の開発したもの、米国アレルギー感染症研究所とグラクソ・スミ

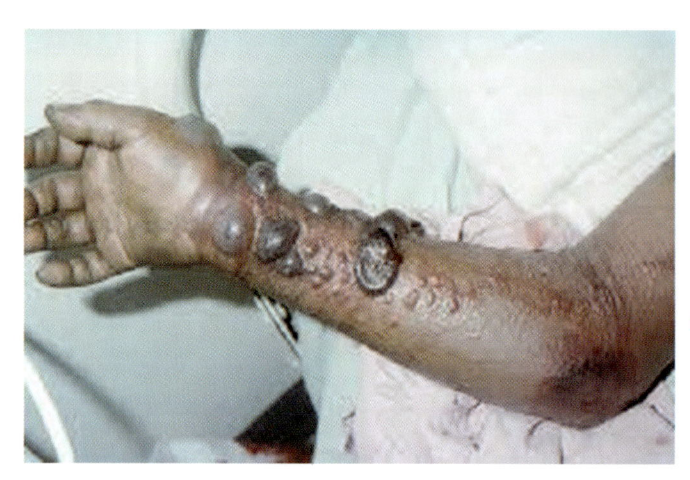

●エボラウイルス病(エボラ出血熱)を発症した患者の腕。腕には皮下出血を伴う皮疹がいくつもみられる。主な症状は高熱、嘔吐、下痢、発疹、皮疹など。
(写真提供：Science and Technology)

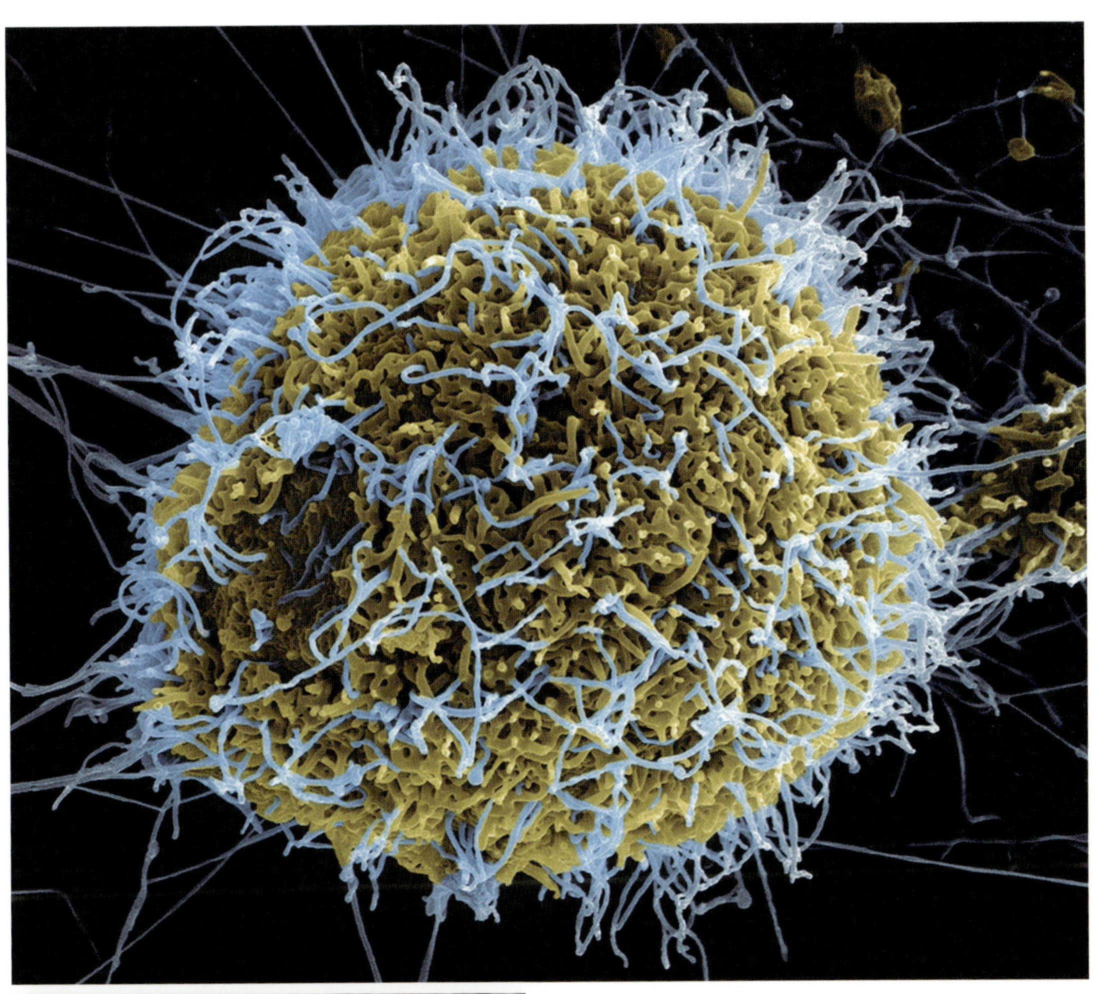

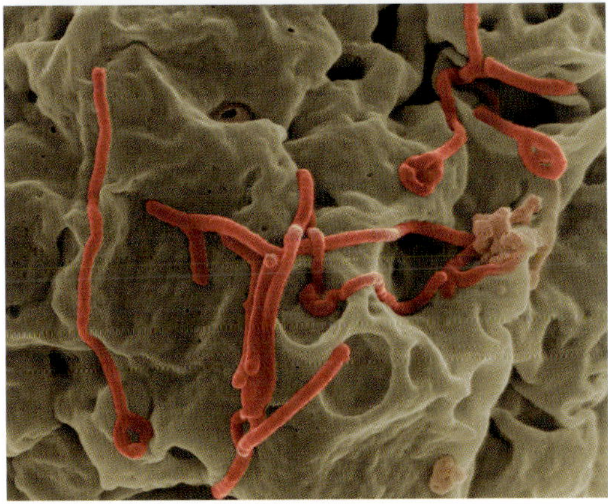

●ひも状のエボラウイルス（赤色）が頭からベロ細胞の内部にもぐり込もうとしている。電子顕微鏡写真（着色）。　　（写真提供：Global Panorama）

●アフリカミドリザル由来のベロ（Vero）細胞（黄緑色）から増殖して出てくるエボラウイルス（青色）の電子顕微鏡写真（着色）。ベロ細胞は感染症などの培養試験によく使われる上皮細胞の一種。　（写真提供：NIAID）

エボラウイルスは、ヒトのどんな細胞にも群がって侵入し、破壊するんだ。

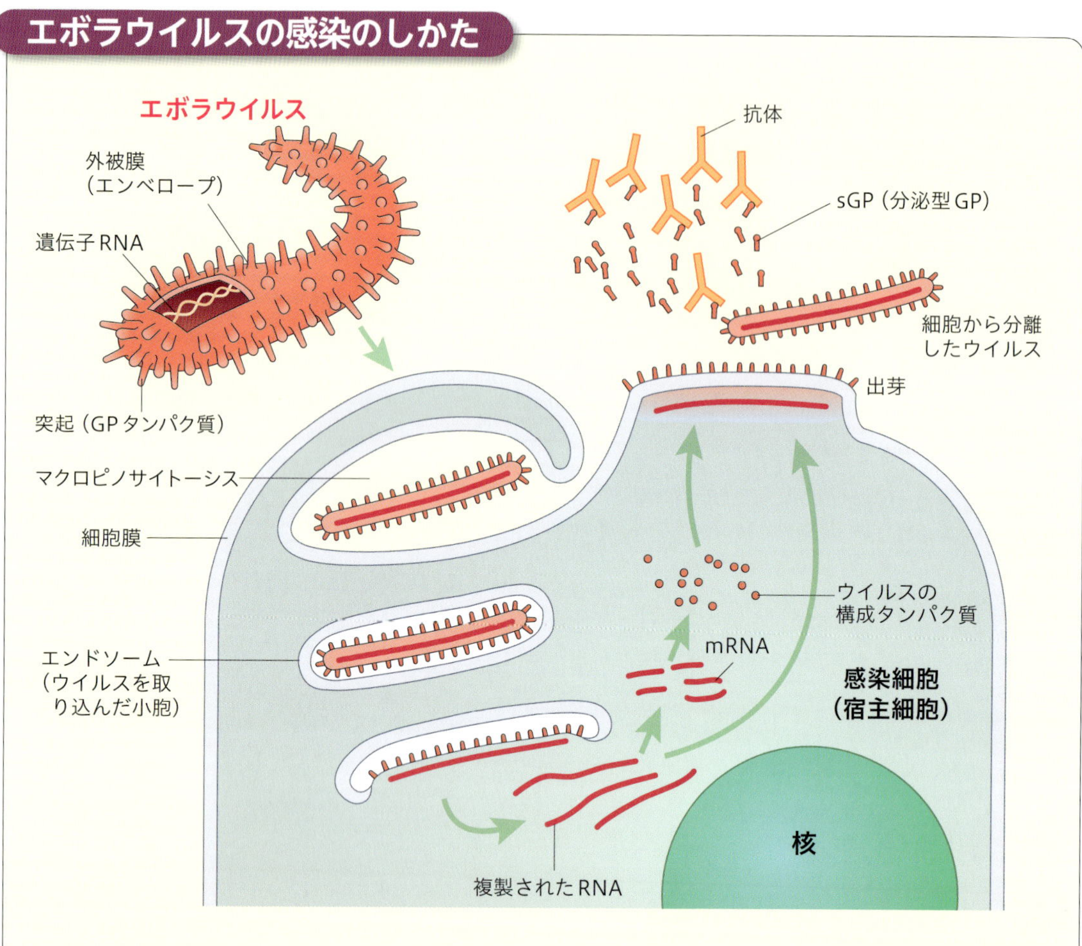

エボラウイルスは、GPタンパク質が感染細胞のレセプターに結合する。マクロピノサイトーシスと呼ばれる細胞の働きにより細胞内に取り込まれる。細胞のエンドソームという小胞が取り込まれたウイルスを包む膜と融合する。そして、エンドソームの膜とウイルスの外被膜が融合して開口し、RNAが細胞内へ放出される。RNAが複製され、そのRNAからタンパク質を合成するmRNAがコピーされ、大量のウイルスタンパク質がつくられる。RNAとウイルスタンパク質は細胞膜下に集まり（出芽）、子供ウイルスとして細胞から分離する。そのとき、オトリの分泌型GPタンパク質（sGP）を大量に分泌し、抗体の攻撃から逃れる。これが免疫回避の仕組みの１つ。

子供ウイルスは数百万個もつくられ、子供ウイルスの分離とともに細胞は破壊される。

スクライン社が共同開発したものが臨床試験中です。東京大学と米国ウィスコンシン大学もエボラワクチンの開発を行っています。抗ウイルス薬についても、日本、米国、カナダで開発が進行中です。

■ウイルスの構造

そもそもエボラウイルスとはどういうものなのでしょう。

エボラウイルスはフィロウイルス科に分類

されるRNAウイルスです。ウイルスの形状はU字状、ひも状、ぜんまい状、分枝状などさまざまで、多形性があります。大きさは長径が700～1500nmと、インフルエンザウイルス（約100nm）に比べればはるかに巨大です。

ウイルスには7つの構造タンパク質が存在します。ウイルス粒子の表面には、そのうちの1つであるGPタンパク質（糖タンパク質）が突起物のように存在します。GPタンパク質は、感染先の宿主細胞の表面にあるウイルスレセプター（受容体）への結合や細胞膜との融合、さらに細胞侵入に関与しているとされます。

エボラウイルスは、ウイルスが免疫細胞に感染するとともに、**免疫回避機構**をもっています。GPタンパク質が結合するレセプターは、ウイルスを認識するマクロファージや樹状細胞にも存在し、これらの免疫細胞が感染によって破壊されると、免疫力が急激に低下して、症状を悪化させてしまいます。

これに免疫回避機構まで加わります。

■巧妙な免疫回避の仕組み

高度な免疫回避機構の存在は、エボラウイルスの致死率が高い理由の1つです。

ウイルスの侵入に対して免疫システムが応答し、攻撃を開始します。攻撃の主体は、そのウイルスに特異的に反応する抗体の分泌です。そういうウイルス反応性の抗体のなかには、ウイルス粒子の表面にあるタンパク質を狙って病原体の感染性を失わせるものもいます。エボラウイルスの感染ではGPタンパク質が抗体のターゲットとなります。

ここで、エボラウイルスは高度な免疫回避操作を行います。ウイルス本体に発現するGPタンパク質とは別に、sGPタンパク質という「オトリ」を大量につくって放出し、抗体をおとりに吸着させることで、免疫システムを欺くというものです。

sGPが大量に存在していると、たとえGPに対する抗体があらかじめできていたとしても、sGPが大量に血液中に存在するため、GPに対する抗体がsGPにくっついてしまうので、免疫システムが機能しないのです。

エボラウイルスは一類感染症

エボラウイルス病は、万が一感染すると最悪の場合、致死率90%といわれる重大な病気です。日本の感染症法では、天然痘やペストなどの感染症とともに、最高ランクの一類感染症（感染力や罹患した場合の重篤性などに基づく総合的な観点からみた危険性がきわめて高い感染症）に指定されています。

たとえば、流行地域からの帰国者で、一類感染症に感染した疑いのある人について医療機関などから連絡があった場合には、国立感染症研究所で速やかに検査を行い、感染の有無を確認する体制が整備されています。検査の結果、感染していることが明らかになれば患者は感染症指定医療機関に移送され、感染防御対策の施された病室で適切な治療が、公費により提供されることになっています。

デングウイルス

■蚊が媒介するデング熱

デング熱はデングウイルスによる感染症で、蚊の媒介によって感染します。比較的軽症のデング熱と、重症型のデング出血熱とがあります。感染症法の四類感染症（全数報告対象）に分類される感染症です。

デングウイルス感染の危険のある地域は、主な媒介蚊であるネッタイシマカ（ヤブカ属）が生息する熱帯・亜熱帯地域、特に東南アジア、南アジア、中南米、カリブ海諸国ですが、アフリカ・オーストラリア・中国・台湾でも発生しています。全世界では年間約1億人がデング熱を発症し、約25万人がデング出血熱を発症すると推定されています。

■ウイルスの構造と特徴

デングウイルスは、大きさが40～60nmの小型球形ウイルスで、日本脳炎ウイルスと同じ仲間のフラビウイルス属のRNAウイルスです。

一本鎖のRNAを外被膜（エンベロープ）が包んで保護しています。外被膜には、タンパク質の突起が存在し、感染相手の細胞に吸着する役割をしています。

感染経路

デング熱は、ウイルスをもっているネッタイシマカやヒトスジシマカ（ヤブカ属）などに刺されることで感染します。病原体に感染しても症状が出ない不顕性感染（約50～80％）を含めて、感染したヒトを蚊が刺して（血を吸って）1週間ほどすると、蚊の体内でウイルスが増えます。その蚊にヒトが刺されると感染する可能性があります。ただ、ヒトからヒトへ直接感染することはありません。

潜伏期間と症状

感染から2～14日（多くは3～7日）の潜伏期間の後、約20～40％のヒトが発熱（38～40℃）して発症、激しい頭痛の特に眼窩（がんか）痛、関節痛、筋肉痛、発疹が現れます。多くは3

●デングウイルスの電子顕微鏡写真（着色）。丸い粒子の1個1個がデングウイルス。
（写真提供：Sanofi Pasteur）

デングウイルスの特徴

大きさ	直径 40～60nm
遺伝子	RNA
感染力（伝播力）	やや強い（3人）
致死率	約5%
ワクチン	なし
抗ウイルス治療薬	なし
治療法	対症療法（デング熱にはアセトアミノフェン、デング出血熱には輸液療法）

デングウイルスは
ネッタイシマカによって
感染が広がるんだ。

●デングウイルスを媒介するネッタイシマカ。人血を吸って腹が赤く膨れている。ウイルスは蚊の唾液に含まれていて、血を吸うと同時に唾液が体内に注入されて感染する。
（写真提供：国立感染症研究所衛生昆虫写真館）

デング熱・デング出血熱の発生地域

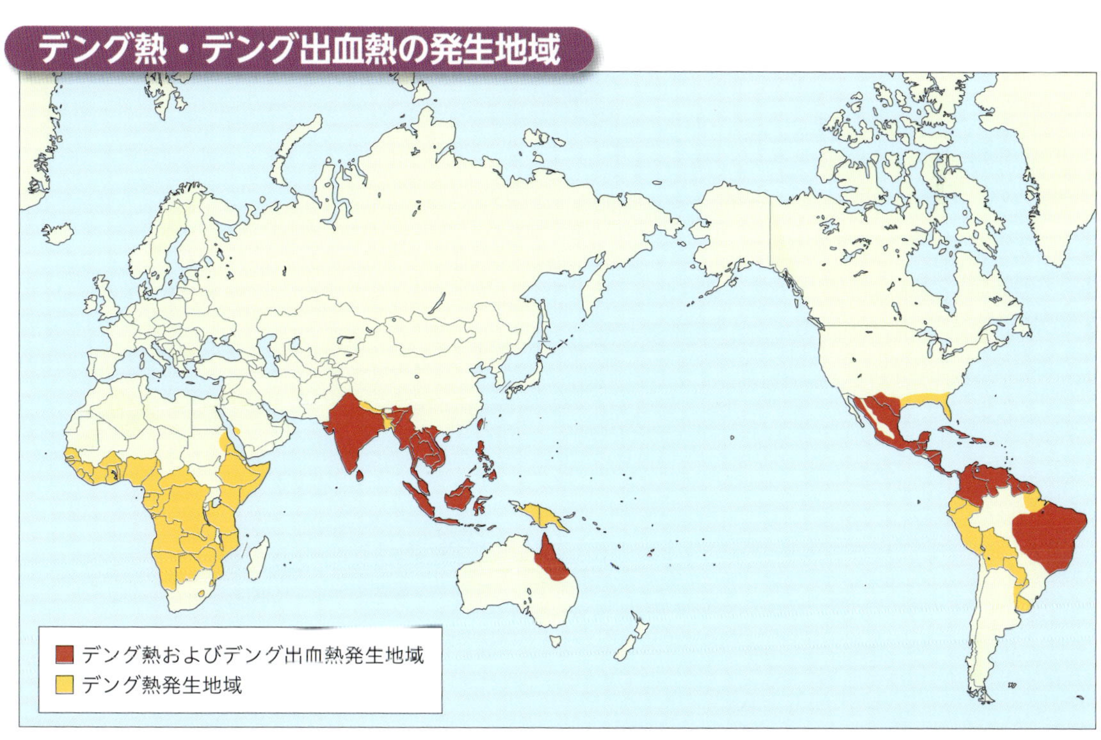
デング熱およびデング出血熱発生地域
デング熱発生地域

デングウイルスの感染により発症したデング熱およびデング出血熱の発生地域。ウイルスを媒介する蚊の多い熱帯・亜熱帯地域に発生する。特に東南アジア、南アジア、南米、カリブ海諸国に多く発生し、アフリカ、オーストラリアの一部、中国や台湾にもみられる。全世界では年間約1億人がデング熱を発症、年間約25万人がデング出血熱を発症していると推計される。
（WHOの2015年データより作成）

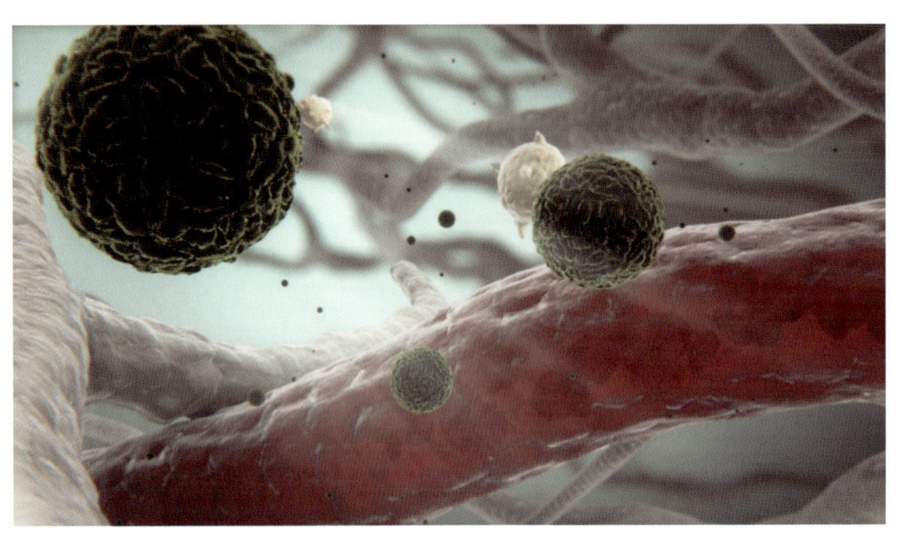

●蚊が吸血するとき、蚊の唾液とともにデングウイルスがヒトの体内に送り込まれる。イラストは体内に送り込まれたデングウイルス（緑色の球形）。　(画像提供：Sanofi Pasteur)

～5日で解熱し、治りかけたときに発疹が出ます。症状は1週間程度で消失し、通常は後遺症もなく回復します。

デング熱を起こすウイルスは4種類（1型、2型、3型、4型）あります。一度感染して同じ型のウイルスに再び感染しても免疫が作動して軽症で済みます。しかし、2回目に異なる型に感染した場合は免疫反応が異常に働き、ウイルスの増殖を逆に助けて、重症化することがあります。患者の一部では血漿漏出や出血傾向、また胸水、腹水、肝臓の腫脹などがみられるほか、極度な不安や興奮状態に陥ったりします。重症化したデング熱は、デング出血熱またはデングショック症候群と呼ばれ、まれに死亡することもあります。

致死率

ウイルス感染後のデング熱発症率が数十%、そのうち重症化する患者が数%、さらに重症化した患者のなかで死亡する患者が数%ですから、致死率はかなり低い疾患です。

治療法とワクチン

デング熱の治療には、解熱鎮痛薬として小児にも使えるアセトアミノフェンを用います。デング出血熱の場合には、循環血液量の減少、血液濃縮を改善するために、適切な輸液療法が重要となります。

ワクチンは、認可されたものはまだありません。デングウイルスの1つの型だけに効くワクチンでは効力が乏しく、1～4型のすべてに効くワクチンの開発が世界各国で継続中です。

■日本でもかつて流行

実は、日本とデング熱は昔から少なからぬ因縁があります。古くは第二次世界大戦下の1942～45年に大阪、神戸、長崎などを中心としてデング熱が流行し3年間に全国で約20万人の患者が発生、死亡者も出ました。

東南アジアのデング熱流行地域のネッタイシマカからウイルス感染した輸送船の船員に

よって、1942年夏、デングウイルスが日本に侵入しました。この感染者に、日本に生息しているヒトスジシマカが吸血して媒介し、流行を起こしました。

同時期、南方に出征している日本兵のなかでもデング熱が流行しており、終戦後にも帰還兵による輸入症例とそれに関連した国内での流行が記録されています。

その後、日本ではデング熱の国内感染例は途絶えていましたが、東南アジア諸国との経済交流の活発化に伴って海外からの入国者・帰国者が日本国内でデング熱を発症する輸入症例は増えています。

感染症法施行後の患者届出数は、1999年9例、2000年18例でしたが、2010年には初めて年間200例を超えました。そのような状況下、2014年夏に約70年ぶりに国内で150人以上の流行が起きました。東京中心部にある東京都立代々木公園でデング熱の感染症例が多数報告されました。公園に生息する多くのヒトスジシマカからもウイルスが検出され、また一部の感染者が国内各地へ移動した後に発症したため、流行拡大の懸念についてマスコミで大きく報道されました。

デングウイルスを媒介
する蚊を撃退して感染を
防いでいるんだね。

●デングウイルスを媒介する蚊を除去するために、蚊の生息しそうな場所を消毒する。（写真提供：iStock）

ジカウイルス

■蚊に刺されてジカ熱を発症

ジカウイルス感染症（ジカ熱）は、ジカウイルスに感染することによって発症します。ヤブカ属の蚊（ヒトスジシマカ、ネッタイシマカなど）がウイルスを媒介し、ヒトに感染します。また、性行為によっても感染します。症状はデング熱に類似しますが、それより軽いことが特徴です。感染症法上では、重篤な症状になりにくい比較的軽症の四類感染症に指定されています。

ジカウイルスは、1947年にウガンダのジカ森林のアカゲザルからはじめて分離されました。1952年にはウガンダとタンザニア共和国でヒトからも分離されました。

ジカウイルス感染症は、2007年にヤップ島（ミクロネシア連邦）での流行、2013年にフランス領ポリネシアで約1万人の感染が報告されています。2014年にはイースター島（チリ）、2015年にはブラジルおよびコロンビアを含む南アメリカ大陸での流行が発生しました。

●2016年、オリンピックを控えたブラジルではジカウイルスへの警戒が徹底された。
（写真提供：Koloidno srebro Celje）

2016年夏にはリオデジャネイロオリンピック・パラリンピックとジカ熱問題が話題になりましたが、幸い、選手や観客に感染者が出たという報告はありませんでした。

WHOによれば、2015年以降20の国や地域から症例が報告されています。日本へ最初に輸入された感染症例はフランス領ポリネシアでの日本人感染者でした。

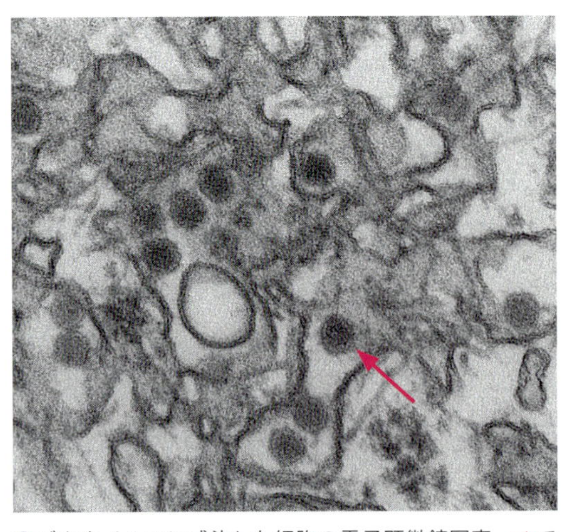

●ジカウイルスに感染した細胞の電子顕微鏡写真。➡で示した黒い丸い物体がジカウイルス。（写真提供：CDC）

ジカウイルスの特徴

大きさ	直径 40nm
遺伝子	RNA
感染力（伝播力）	やや強い（2、3 人）
致死率	1%以下
ワクチン	なし（開発中）
抗ウイルス治療薬	なし
治療法	特別な治療は必要なし

日本の蚊でも
媒介するの!?

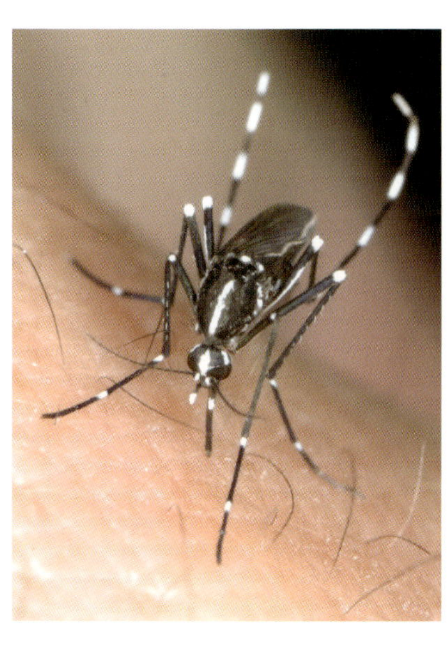

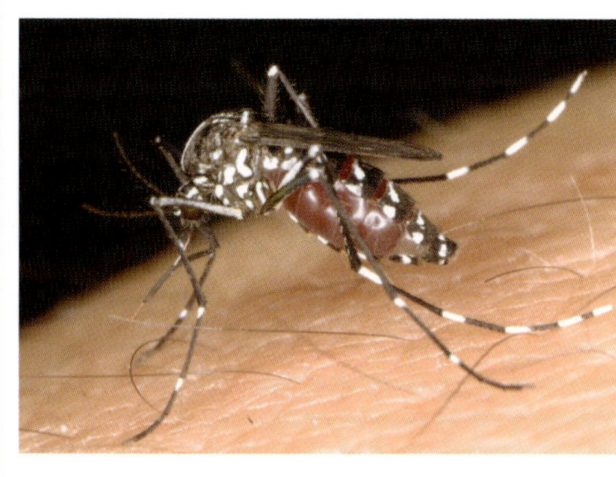

●ジカウイルスを媒介するヒトスジシマカ。日本に生息する同種の蚊でも媒介が可能。
（写真提供：国立感染症研究所衛生昆虫写真館）

ジカ熱の発生地域

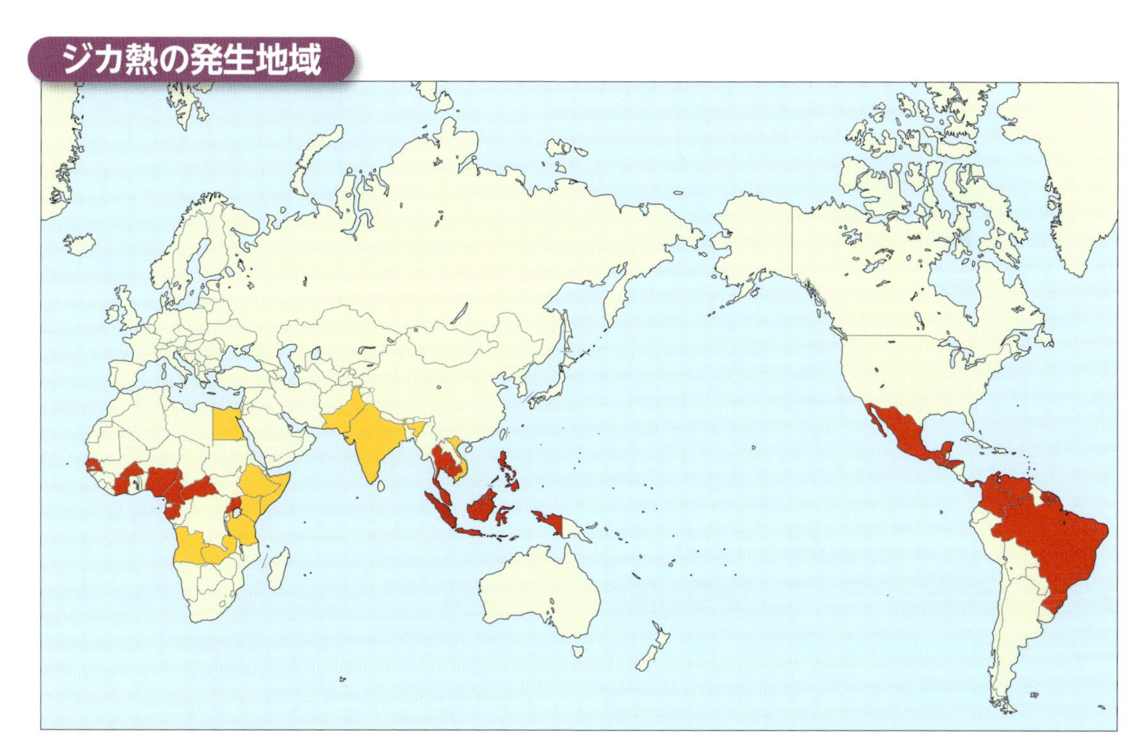

■ ジカ熱発症者およびジカウイルス感染者（ウイルスを検出）のいる地域
■ 血清抗体調査（Serosurvey）でウイルス抗体の保有者がいる地域。過去にジカ熱を発生

ジカウイルス感染症（ジカ熱）の発生地域。ウイルスを媒介する蚊の多い熱帯・亜熱帯地域に限局される。アフリカ、南米、中南米、東南アジアなど。　（WHOの2015年データより作成）

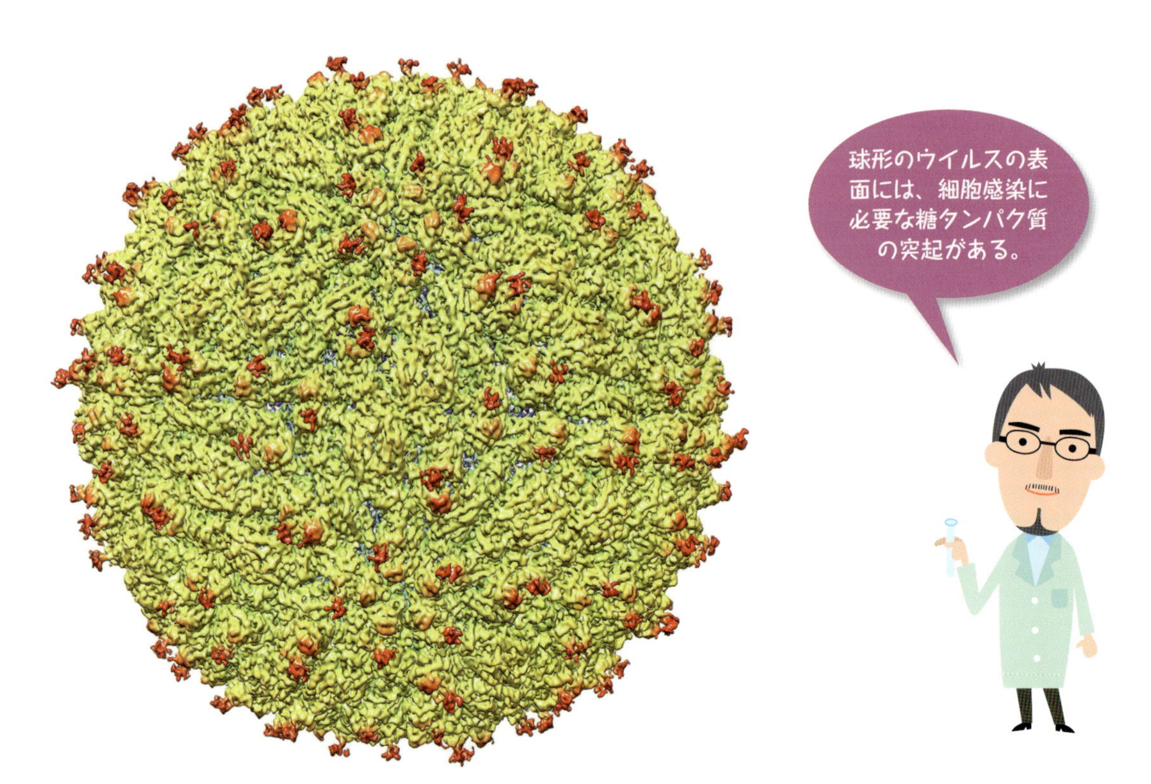

球形のウイルスの表面には、細胞感染に必要な糖タンパク質の突起がある。

●ジカウイルスのイメージ画像。球形ウイルスで正20面体に近い形状をしている。表面の外被膜に糖タンパク質の突起（赤色）がある。この突起が、感染細胞表面の糖受容体に結合することで、ウイルスが細胞内に侵入すると考えられる。
（画像提供：Courtesy of Kuhn and Rossman research groups, Purdue University）

■ウイルスの構造と特徴

ジカウイルスは、デングウイルスと同じフラブウイルス属のRNAウイルスで、大きさが直径40nmの小型の球形ウイルスです。表面の外被膜（エンベロープ）に糖タンパク質の突起があり、細胞に感染するとき、この突起が細胞の糖受容体（レセプター）に結合すると考えられています。

潜伏期間と症状

ジカウイルスに感染してから発症までの潜伏期間は3～12日ほどです。感染者のうち症状が出るのは約20%とされています。主な症状はデング熱の症状と類似していますが、デング熱より軽いことが多いようです。具体的には、軽度の発熱、発疹、結膜炎、関節痛、筋肉痛、倦怠感、頭痛などを起こします。

治療法とワクチン

ジカウイルス感染症には、現在のところ適応できるワクチンはありませんが、日本や欧米で開発中です。通常は症状が軽く、特別な治療を必要としません。十分な休養と十分な水分を取り、市販の鎮痛解熱薬を使うことで対処できます。

ほとんどの場合、発症後2～7日程度で回復します。

■妊婦の感染は危険

症状が軽いとはいえ、警戒は必要です。ブラジルでは2015年7月にジカウイルス感染とギラン・バレー症候群（手足の力が入らなくなり、しびれ感が出た後、症状が全身に広がる病気）との関連が報告されました。

さらに同国から同年10月には、妊婦のジカウイルス感染と小頭症（赤ちゃんが極端に小さい頭で生まれるか、出生後に頭の成長が止まる病気）との関連が報告されました。ブラジルの小頭症の出産数が通常よりはるかに多くなっていたのです。

原因として、ジカウイルスが胎児の脳の神経幹細胞（神経細胞をつくる元の細胞）を破壊すると考えられました。

科学的な証拠が総合的に検討された結果、現在では、ジカウイルス感染症に潜在する合併症として、ギラン・バレー症候群や小頭症の可能性が認識されています。

■感染を防ぐための手段

ジカウイルス感染症は2017年8月末時点で、日本国内での感染は確認されていません。しかし、海外で感染した日本人が帰国した後に国内でジカウイルス感染症と診断されたケースは12例あります。そのうち中南米の流行後のケースは9例です。ジカウイルスはほとんどの場合、ジカウイルスの感染者（動物も含め）から血を吸った、主に熱帯地域に生息するヤブ蚊に刺されることでヒトに伝播します。

ジカウイルス感染を予防するには、日中に蚊に刺されない工夫が重要です。具体的には、長袖服・長ズボンの着用、昆虫忌避剤の利用などです。ほかには、バケツ、タライ、植木鉢、側溝、使用済みタイヤなど、蚊が繁殖しそうな場所を掃除するなど、衛生環境を改善する必要があります。

また、妊婦あるいは妊娠の可能性のある女性は、ジカウイルス感染症の流行地への渡航をできれば避けることが理想です。

さらに、ジカウイルスは性行為によっても感染伝播します。このためWHOは、ジカウイルスの感染伝播が活発な地域では、性行為を行う可能性が高い男女はすべての避妊方法について正確な指導を受け、情報の提供を受けることを勧めています。

●ジカウイルスを媒介する蚊と妊婦。妊婦がウイルスに感染すると、生まれる新生児に小頭症のリスクが高まる。ジカ熱発生後、ブラジルでは小頭症の出生数が増加した。

（写真提供：Bip America）

SARSコロナウイルス

■重症肺炎を起こすウイルス

SARS(サーズ)という病気は英語名Severe Acute Respiratory Syndromeの略で、日本語では「重症急性呼吸器症候群」と訳されます。

2002～2003年、中国広東省の症例に始まって世界的規模の集団発生となるなか、初めて発見されたSARSコロナウイルスによる感染症です。肺炎の症状が特徴的なので、呼吸器症候群という名がついています。

感染症法上は、2類感染症に指定される重大疾患です。

SARSは2002年11月16日、中国広東省で非定型性肺炎の患者が報告されたことに端を発し、北半球のインド以東のアジア諸国とカナダを中心に、32の地域や国々に拡大しました。2003年7月5日に終息宣言が出されましたが、流行した約8か月間で8098症例（死亡774症例）が報告されました。

SARSの流行の特徴は、流行の中心が院内感染だったこと、症例のほとんどが成人で、小児の患者数は少なかったということです。

罹患率は、20～29歳で最も高く（人口10万人当たり2.92）、次いで40～49歳（同2.15）、30～39歳（同1.87）と若年成人に高く、50歳以上の年齢層では1.8以下、10歳未満は0.16でした。発症者の約80%は軽快し、およそ20%が重症化しました。

日本では、流行期間中に報告のあった「可能性例16例」と「疑い例52例」すべてが、他疾患の診断がついて取り下げられたか、あるいはSARS対策委員会でSARSの可能性が否定されています。つまり、日本ではSARSの確認例は1例もなかったということです。

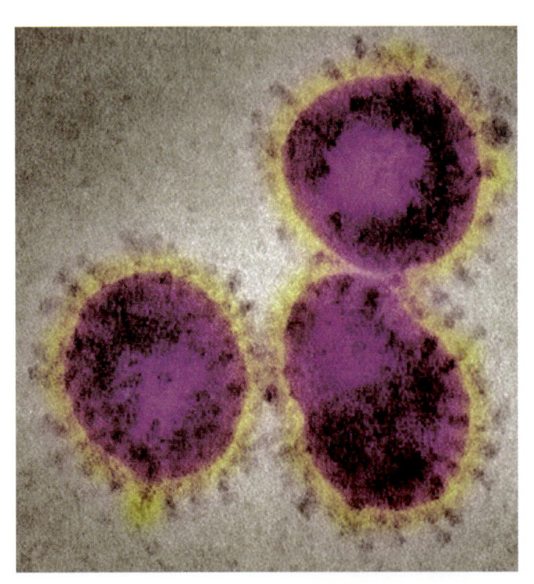

●SARSコロナウイルスの電子顕微鏡写真（着色）。直径100～200nmの小さな円形（楕円形）ウイルス。表面の突起（スパイクタンパク質）は、先端がコブのようにふくらみ、王冠（コロナ）のような形状をしていることから名がついた。　（写真提供：Evident News）

SARSコロナウイルスの特徴

大きさ	直径100～200nm
遺伝子	RNA
感染力（伝播力）	やや弱い（1.5人）
致死率	約10%
ワクチン	なし（開発中）
抗ウイルス治療薬	なし
治療法	対症療法（抗菌薬療法を含む）

■ウイルスの構造と特徴

コロナウイルス科コロナウイルス属に分類されるヒトコロナウイルスは、以前から軽症の風邪様症状の約30%の原因とされていましたが、重症化の報告はほとんどありませんでした。SARSは、同じコロナウイルス属の新型のヒトコロナウイルスを病原体とする感染症です。

ウイルスは、小さな円形または楕円形をしたRNAウイルスで、外被膜（エンベロープ）の表面にコロナ（王冠）のような突起（スパイクタンパク質）があります。この突起が感染する細胞の受容体に結合し、細胞内へ侵入します。

感染経路

感染は、患者が咳やくしゃみなどをした際に飛び散るしぶきを吸い込むことによる飛沫感染が中心であると考えられます。基本的にウイルスは症状のあるヒトからヒトへ感染するため、最も危険性が高いと考えられるのは、患者の看護や介護で密接に接触する家族や医療従事者です。

潜伏期間と症状

ウイルスに感染してから2～10日（平均5日）経って、38℃以上の急な発熱、悪寒・戦(せん)

SARSの感染者数

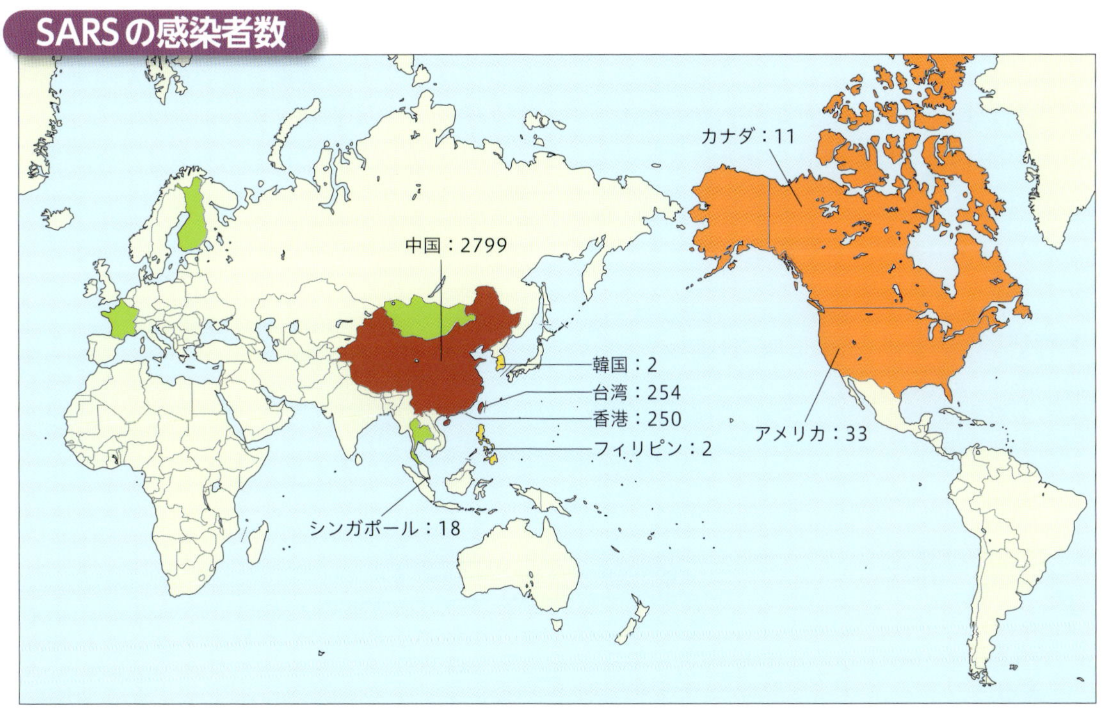

2003年5月19日時点のSARSの感染者数。日本での感染例は海外渡航者のみで、感染はない。
（WHOの2003年データより作成）

慄（震え）、筋肉痛など、インフルエンザのような症状が現れます。熱はいったん下がるかにみえますが、発病第2週には再び高くなり、咳や呼吸困難など肺炎の症状が現れはじめます。それとともに他の人への感染力も強くなっていきます。

致死率

SARSの可能性があると診断された人のうち約80％は発症後6～7日で軽快しますが、約20％の人は急速に呼吸困難が進行し、集中治療が必要になります。致死率は全体で10％前後ですが、年齢によって差があり、24歳未満で1％以下、25～44歳で6％、45～64歳で15％、64歳以上で50％以上となり、高齢者や基礎疾患がある人で高くなります。

検査と診断

SARSコロナウイルス検査による病原体診断でのSARSの早期診断は、現段階では困難です。ほとんどの患者は発病3～4日で、胸部X線やCTで肺炎所見が観察されます。血液検査では特徴的なものはありませんが、リンパ球や血小板の減少などがみられます。SARSと同様の症状の原因となるさまざまな細菌、インフルエンザ、マイコプラズマ、レジオネラなどの病原体検査を行って他疾患を除外しつつ、SARSの診断は、臨床所見に加え、その時点での流行状況も考慮して行います。

治療法とワクチン

SARSに有効な治療法はまだ確立されていないので、肺炎などの症状を抑え、全身状態をよくするための対症療法が中心となります。症状が出始めたころは、SARSとそれ以外の原因からの肺炎との区別をつけることが難しいことから、まずは一般的な細菌性肺炎を考えた抗生物質による治療が行われます。海外では抗ウイルス薬も使われましたが、効果は確認されていません。

また、肺炎が重症になったときには酸素が投与されたり、人工呼吸器が使われたりすることもありました。

●SARSが疑われる場合、血液検査も行われる。　（写真提供：iStock）

MERSコロナウイルス

■中東で発生した呼吸器感染症

MERS（マーズ）は、英語名Middle East Respiratory Syndromeの略で、日本語では「中東呼吸器症候群」と訳される疾患です。2012年にサウジアラビアで初めて確認されたMERSコロナウイルスを病原体とする急性呼吸器感染症です。

MERSは感染症法上の２類感染症に位置付けられた重大疾患で、診断した医師はすぐに最寄りの保健所に届けなければなりません。

MERS感染の関係各国からWHOに報告されたMERS確定例は、2012年から2015年11月までに、26か国から1618例（うち死亡579例、致死率36%）となっています。感染者は男性に多く、50歳以上の患者が全体の75%を占めます。

報告のなかの70%を超える確定例がサウジアラビアからのものです。

また、中東諸国以外の国として最大の報告数となった韓国での確定患者は、主に院内感染によって発生しています。中東諸国へ渡航歴のある１人の男性を発端に2015年５～７月の間に16医療機関で計186例の症例が報告されました（韓国で感染し、中国で診断された1例を含む）。そのうち死亡37例（致死率20%）であり、死亡例のうち33例（89%）は高齢者、もしくは基礎疾患（悪性腫瘍、心疾患、呼吸器疾患、腎疾患、糖尿病、免疫不全など）をもっていました。医療従事者の感染者は39例（死亡例なし）でした。

韓国で急速に感染が広がったのは、発症から隔離まで10日間を要したことと、その間に4か所の医療機関を受診して多数の患者や医療従事者と接触したためでした。感染拡大

●MERSコロナウイルスの電子顕微鏡写真（着色）。表面に王冠に似た突起（スパイクタンパク質）がみられる。この突起が感染相手の細胞のレセプターに結合する。
（写真提供：NIAID）

MERSコロナウイルスの特徴

大きさ	直径100nm
遺伝子	RNA
感染力（伝播力）	弱い
致死率	約40%
ワクチン	なし（開発中）
抗ウイルス治療薬	なし
治療法	対症療法のみ

を防ぐには迅速な検査と診断が必要なことがわかります。

■ラクダからヒトへ感染?

MERSコロナウイルスは、SARSコロナウイルスと同様にコロナウイルス科コロナウイルス属に分類され、動物からヒトへ感染する「人畜共通感染性ウイルス」です。

動物からヒトへの感染経路は十分にはわかっていませんが、ヒトから分離されたウイルスと同じ遺伝子配列をもつMERSコロナウイルスが、サウジアラビアやオマーンなどの中東諸国に生息するヒトコブラクダから分離されています。ヒトコブラクダがMERSコロナウイルスの主要な保有宿主で、ヒトへの感染の動物感染源となっている可能性があります。

一方で、MERSの非流行国での輸入例からの感染にみられるように、MERS感染者の大部分は「ヒト―ヒト感染」です。ヒト―ヒトの感染伝播については、患者との濃厚接触がなければMERSコロナウイルスのヒトからヒトへの感染伝播の可能性は必ずしも高くないとみられています。ただし、輸入例1例から計186例の二次感染者を出した韓国の事例と同程度の規模で、患者が発生するリスクも常にあると指摘されています。

MERSの発生地域

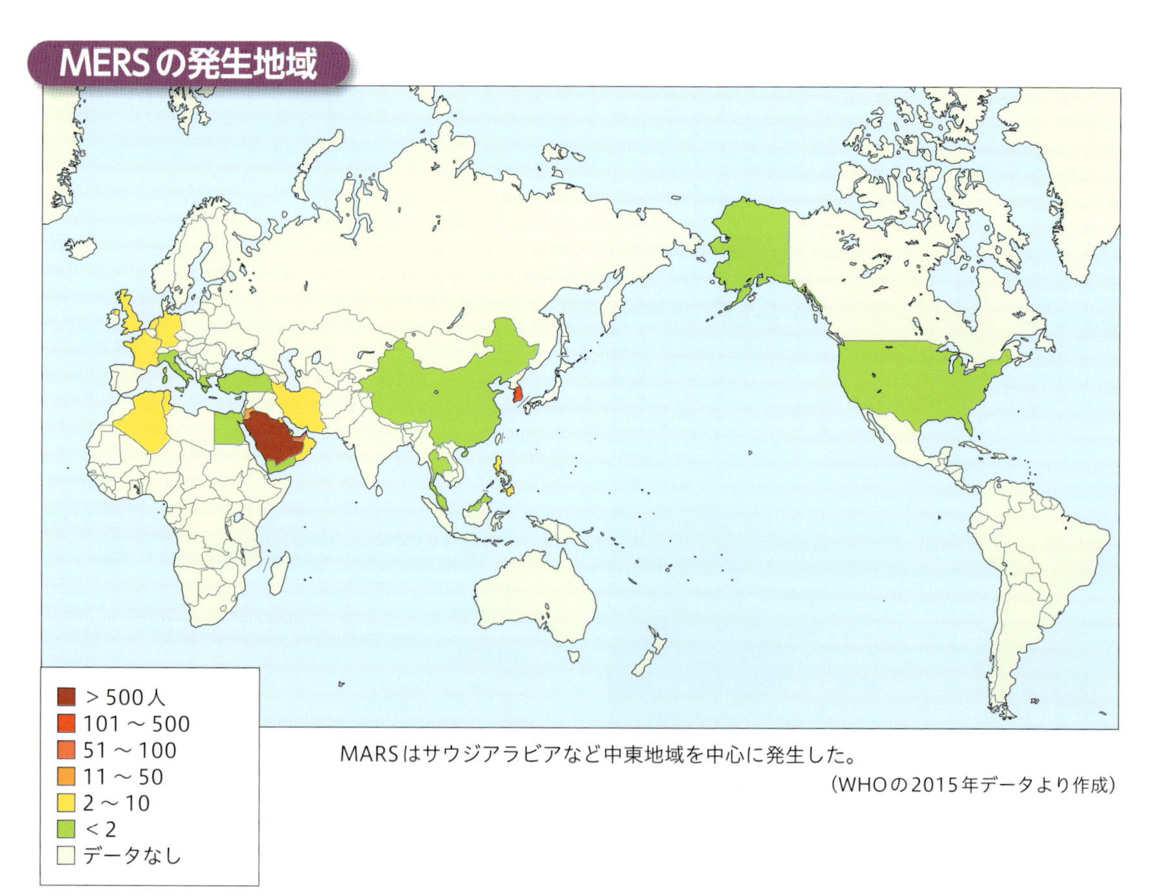

MARSはサウジアラビアなど中東地域を中心に発生した。

(WHOの2015年データより作成)

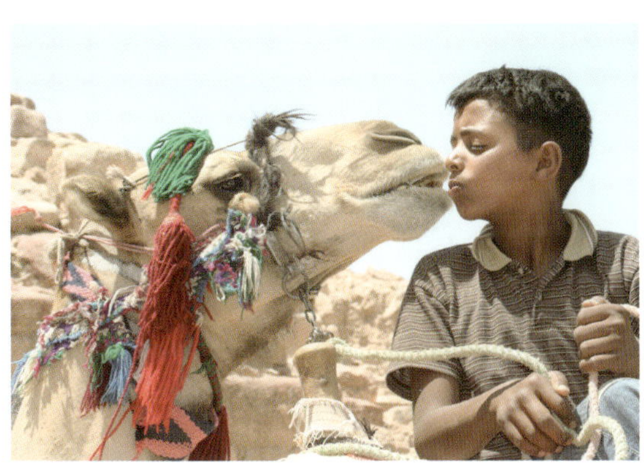

●サウジアラビアではラクダと人の接触が多い。このようにして感染したのかもしれない。
（写真提供：Miss-Monson）

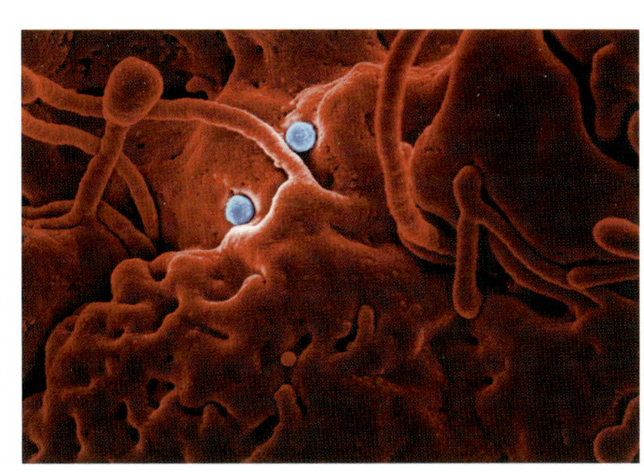

●ラクダの上皮細胞（赤色）に侵入しようとしているMERSコロナウイルスの粒子（青色）。電子顕微鏡写真に着色したもの。
（写真提供：NIAID）

■ウイルスの構造と特徴

MERSコロナウイルスは、直径100nmの楕円形をしたRNAウイルスです。SARSウイルスと同様に、外被膜（エンベロープ）の表面にはコロナ（王冠）に似た突起（スパイクタンパク質）があります。

ウイルスの感染経路や症状、治療法などは次のとおりです。

感染経路

MERSコロナウイルスのヒトへの主な感染経路は、飛沫感染や接触感染です。

潜伏期間と症状

感染してから症状が現れるまでの期間は2～14日間（平均5日）です。臨床症状は、無症状や軽度の呼吸器症状から重症急性呼吸器疾患や死亡まで、多岐にわたります。

典型的な症状は、発熱、咳、息切れです。そのほかに喀血（かっけつ）、胸痛、筋肉痛などが認められます。肺炎は一般的な症状ですが、必ず起こる症状ではありません。下痢なども報告されています。重症の場合、人工呼吸器や集中治療室での治療を必要とする呼吸不全を起こすことがあります。

致死率

報告されたMERS患者の約40％が死亡しています。MERSコロナウイルスは高齢者、免疫力が弱い人あるいは、がん、慢性肺疾患、糖尿病など、慢性疾患がある人に対して、より重篤な病態を起こす傾向があります。

検査と診断

検査の対象は、中東を訪れた人、中東で生活している人が呼吸器感染症状を示した場合などです。診断は咽頭スワブ（拭（ぬぐ）い液）を採取し、その中にMERSコロナウイルスが存在するか否かを、ウイルス分離検査または遺伝子増幅検査により確認します。日本の場合、各都道府県などの地方衛生研究所や国立感染症研究所で検査が実施できる体制が整っています。

治療法とワクチン

現在、ワクチンや特別な治療法はありません。それぞれの症状に応じて行う対症療法が基本です。

HIV（ヒト免疫不全ウイルス）

■免疫を崩壊させるエイズ

最初の患者が発見された当時、世界に衝撃を与えた「エイズ（AIDS：Acquired Immune Deficiency Syndrome）」は「後天性免疫不全症候群」の略称で、原因ウイルスがヒト免疫不全ウイルス（HIV：Human Immunodeficiency Virus）です。HIVは、免疫系をコントロールするヘルパーT細胞やマクロファージに感染してHIV感染症を引き起こします。

HIVは、ウイルス表面の突起が感染細胞の表面のレセプター（糖タンパク質でできたCD4分子）に結合し、細胞内に侵入します。ヘルパーT細胞もマクロファージもCD4レセプターを細胞膜にもつ「CD4陽性細胞」です。そして、細胞内で増殖したHIVが細胞から飛び出すときには細胞を破壊してしまいます。

その結果、免疫に重要な細胞が少しずつ減っていき、あるときを境に、普段なら感染しない病原体にも感染しやすくなり（日和見感染という）、さまざまな病気を発症します。この状態をエイズ（AIDS）といいます。

HIV感染症は、①感染初期、②無症候期、③エイズ発症期の3つの病期に分かれます。

エイズ発症の診断の根拠となる指標疾患には、カンジダ症（食道、気管、気管支、肺に発症）やニューモシスチス肺炎（以前はカリニ肺炎と呼ばれた）など多数あります。どれも免疫システムが正常なら、発症しない疾患です。

■世界中に広がったHIV感染

エイズの最初の報告は1981年、アメリカの5人の患者から始まりました。免疫が機能せず、患者はひどい状態でした。それから30年以上を経てHIV感染者やエイズ患者の数は加速度的に増加し、国連合同エイズ計画（UNAIDS）によれば、2016年には全世界で

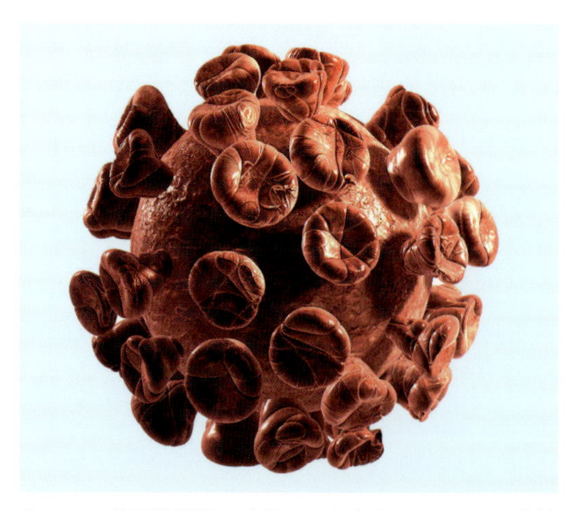

●HIVの粒子模型図。球形で、大きさは110nm。外被膜には糖タンパク質でできた突起（SU）がある。この突起が感染相手である免疫細胞の膜表面のレセプターに結合する。（画像提供：iStock）

HIVの特徴

大きさ	直径110nm
遺伝子	RNA
感染力（伝播力）	やや強い（約3人）
致死率	無治療　約80% 有治療　約3%
ワクチン	なし（開発中）
抗ウイルス治療薬	あり
治療法	抗ウイルス薬でウイルスの増殖を抑え、エイズ発症を防ぐ

約3670万人がHIVに感染しているという状況です。さらに、1年間に約180万人が新たに感染し、約100万人がエイズによって死亡していると推計されています。感染流行が始まって以来、全世界で約3500万人がエイズが原因で死亡したとされています。

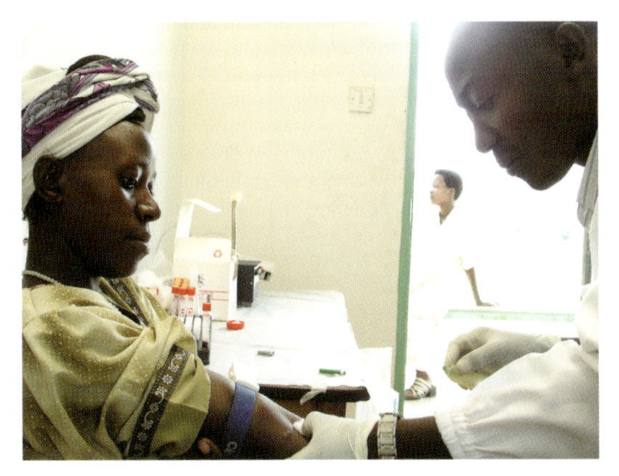

●アフリカのウガンダでHIV検査を受ける女性。IDA（国際開発協会）の援助でエイズ対策が進められている。
（写真提供：World Bank Photo Collection）

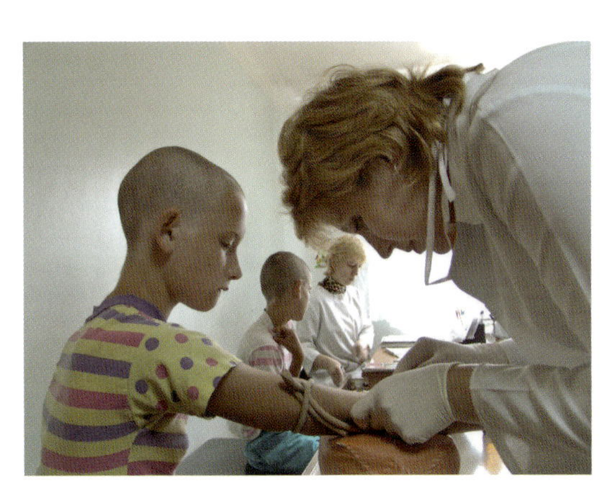

●HIV感染者が急増しているウクライナでHIV検査を受ける子供。
（写真提供：World Bank Photo Collection）

HIVの発生地域

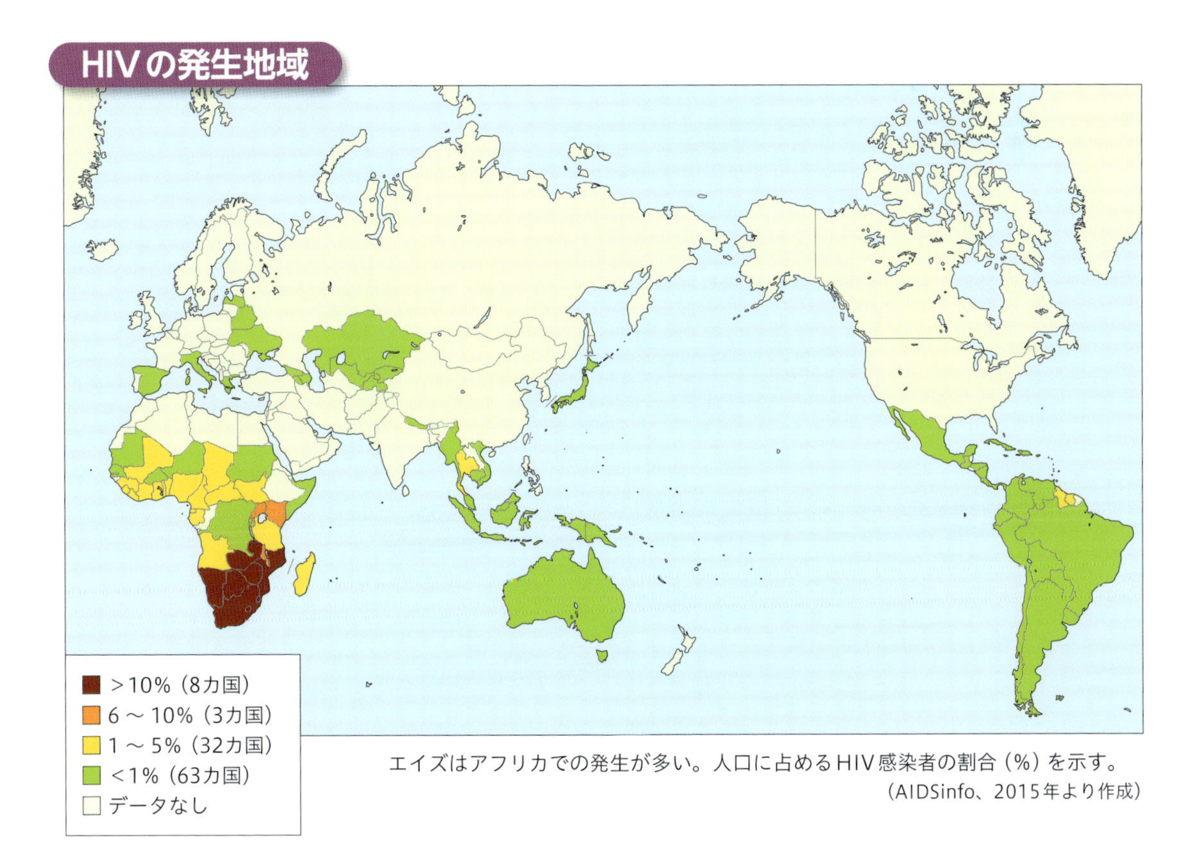

エイズはアフリカでの発生が多い。人口に占めるHIV感染者の割合（%）を示す。
（AIDSinfo、2015年より作成）

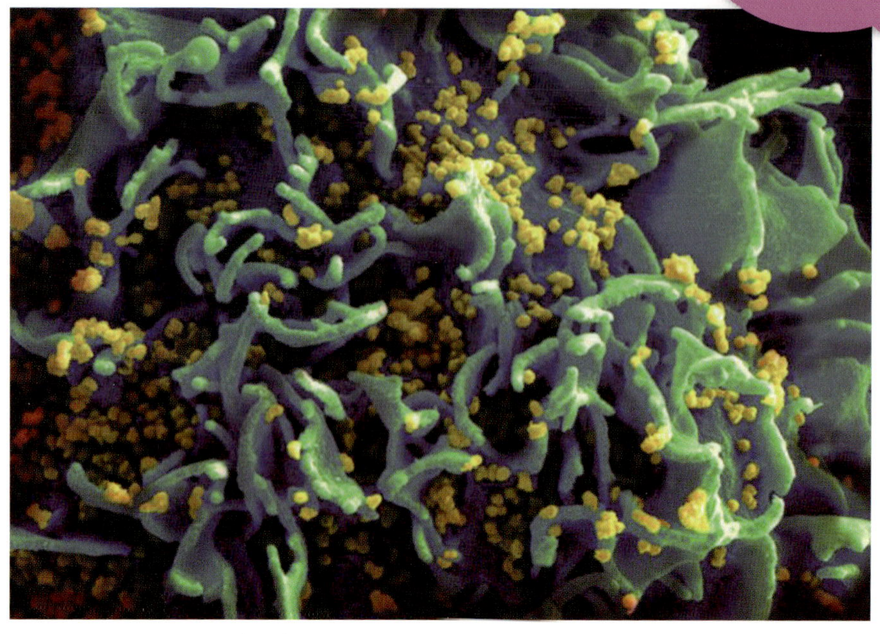

ウイルス表面の
突起（SU）が免疫
細胞のレセプターに
結合するんだ。

●免疫細胞であるT細胞（青色）に付着しているHIVのウイルス粒子（黄色）。電子顕微鏡写真に着色。
（写真提供：NIAID）

■ウイルスの構造と感染のしかた

HIVのウイルス粒子の直径は約110nmと小さく、球形をしています。外被膜（エンベロープ）は脂質二重層で、表面に糖タンパク質でできた突起があります。感染細胞のレセプターに結合する突起です。

粒子の内部には一本鎖RNAが2本収まっています。HIVはRNAウイルスです。このRNA鎖には、HIVの特徴である**逆転写酵素**がくっついています。

ヒトの血液中に侵入したウイルスがT細胞やマクロファージのCD4レセプターに結合すると、ウイルスの外被膜と細胞の細胞膜とが融合し、開口部からウイルスのRNAが細胞内へ放出されます。

ここで逆転写酵素の出番です。

逆転写酵素とは、RNAを鋳型にして、その情報をもつDNAを合成（逆転写）する酵素のことです。通常はDNAからRNAが合成されるのですが、その逆になるため「逆転写」と呼ばれます。HIVは感染した細胞内で、この酵素を利用して自分のためのDNAを合成し、細胞内の材料を利用してウイルスの部品をつくります。

こうして増えた子供ウイルスは、やがて細胞から飛び出し、血液中を流れて次の細胞に感染します。

■HIV感染症の特徴

HIVに感染すると、体内で増殖したウイルスがヒトの血液、精液、膣分泌液、母乳などに分泌されます。なお、ウイルスを含む汗、涙、唾液、尿、便などの体液が皮膚に接触しただ

HIVの感染のしかた

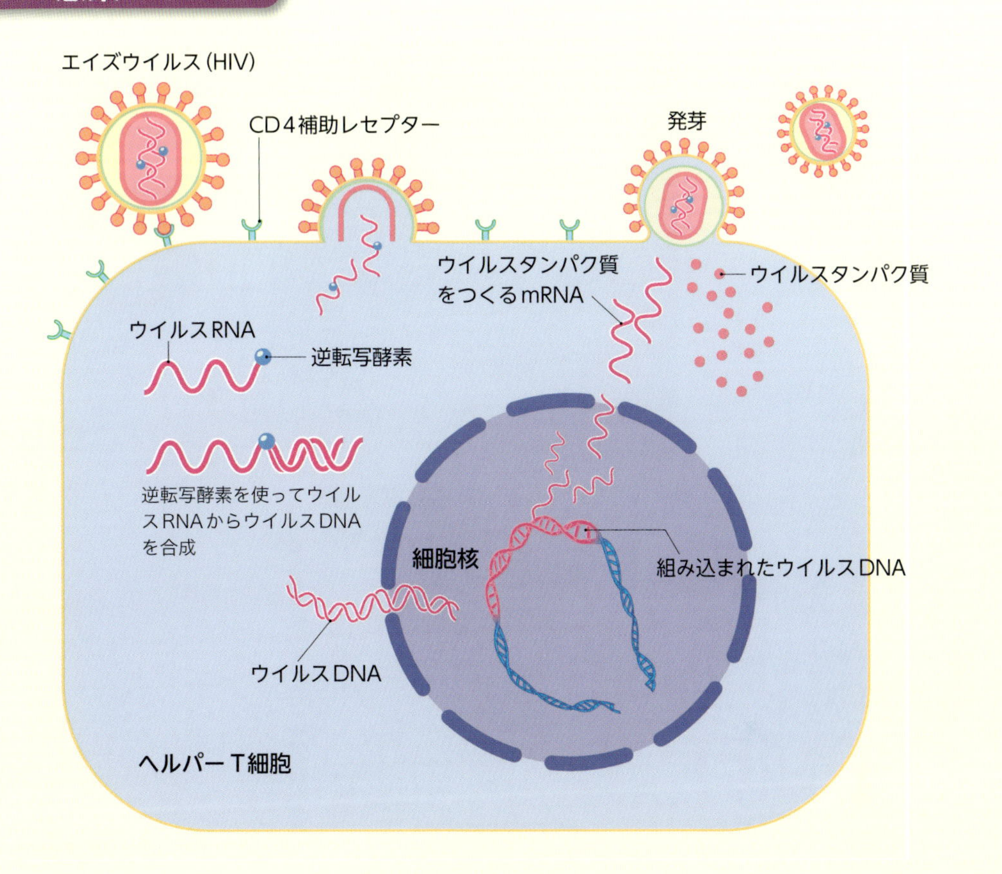

CD4レセプターに結合して細胞内に入ったエイズウイルスは、逆転写酵素を使ってウイルスDNAをつくり、それが感染T細胞のDNAに組み込まれ、mRNAを介してウイルスタンパクがつくられる。ウイルスタンパク質とウイルスRNAはセットになって細胞から突き出て（発芽）、外へ出ていく。ウイルスが出ていったあとの感染細胞は、細胞機能を失い、死滅する。

けでは感染の可能性はありません。

感染経路

感染は、毛細血管の密集する粘膜部分（口のなか、ペニス、尿道、膣、腸管など）、あるいは血管に達するような皮膚の傷（針刺し事故など）からです。傷のない皮膚からは感染しません。主な感染経路は、「性行為による感染」「母子感染」「血液による感染」です。

エイズの発症と症状

HIV感染症には特徴的な症状はありません。感染初期には、発熱などのインフルエンザ様症状がみられることもありますが、数週間で消失します。無症候期が10年以上続くヒトもいますし、感染して短期間のうちにエイズ（後天性免疫不全症候群）を発症するヒトもいます。無症候期の期間もHIVは体

●カンボジアの女性エイズ患者。HIVに感染後、エイズを発症し、杖がなければ歩くことができないほど衰弱している。（写真提供：World Bank Photo Collection）

●南アフリカのケープタウンでエイズ予防を訴えるHIV感染者。胸の「POSITIVE」はHIV陽性であることを示す。（写真提供：World Bank Photo Collection）

内で毎日100億個ほどが増殖しており、T細胞は次々とHIVに感染して平均2.2日で死滅していきます。健康なときには血中1μL（0.001mL）中に700～1500個存在するT細胞が、200個未満になると免疫不全状態となり、エイズを発症します。発症すれば、さまざまな細菌やウイルスに感染して重症化します。

治療法とワクチン

現在、HIV感染症を根本から治す治療法はありませんが、有効な抗ウイルス薬が複数あります。

生涯薬をのみ続けなければなりませんが、抗HIV薬を3剤以上組み合わせた多剤併用療法（HAART（ハート）療法）によってウイルスの増殖を抑え、エイズの発症を防ぐことで長期間にわたり、健常時と変わらない日常を送ることができるようになりました。

一方、エイズワクチンは、研究開発中ですが、まだ実用化されたものはありません。

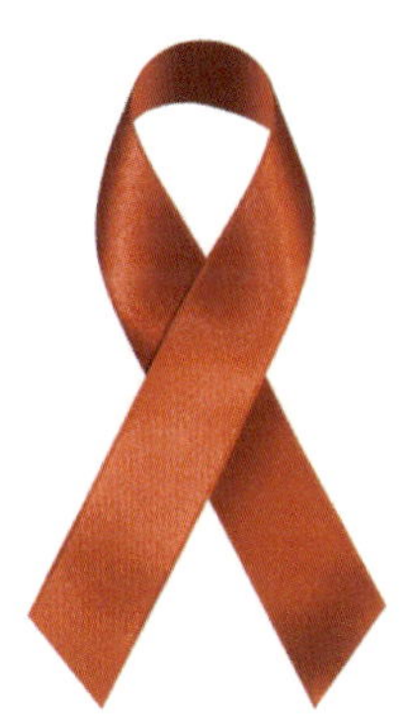
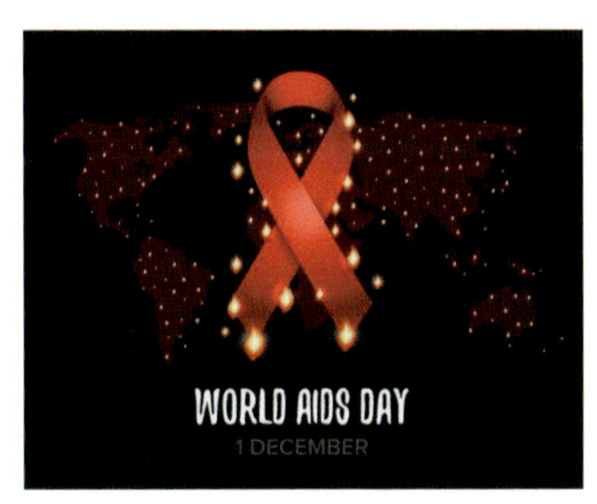

●“レッドリボン”は、エイズへの理解と支援の象徴として使われている。
12月1日を「世界エイズデー」とし、活動を広めようとしている。
（写真提供：エイズ予防財団）

レッドリボンは、あなたがエイズに関して偏見をもっていない、エイズと共に生きる人々を差別しないというメッセージだよ。

■HIV感染の予防策

HIV感染は性行為による感染が最も多く、男女間あるいは男性同士の性行為により感染します。女性は膣粘膜から、男性は性交による亀頭（粘膜）の細かい傷から感染します。男性同性間では腸管粘膜から精液中のHIVが侵入します。性行為においてHIV感染を予防するにはコンドームを使用することが重要です。

また、HIVは血液を介しても感染するため、感染した母親から新生児に感染する危険があります。

このため母子感染予防の対策として、

- 妊娠初期の感染診断
- 妊娠中の抗HIV療法
- 選択的帝王切開術と関連治療
- 出生児への人工乳哺育

などを実施しています。

一方、薬物中毒者の場合、血液で汚染された注射針の使い回しにより感染者の血液がほかの人の血管中に侵入することで感染します。注射針の使い回しは厳禁です。

■日本のエイズ対策

HIV感染症は、天然痘や麻疹など長い歴史をもつ感染症と違って最近出現した新顔ですが、短期間で全世界に拡大した疾患だけに今後も用心していく必要があります。そんななか、気になるデータがあります。

厚生労働省科学研究エイズ対策事業研究班は、「他の主要先進国では米国同様、多剤併用療法（1996年）以来、AIDS患者報告数は減少しましたが、唯一の例外は日本で、AIDS患者報告数には欧米のような減少傾向はみられていません。これはHIV検査の低迷により、早期発見が遅れていることを示唆しています」と報告しています（「主要先進国におけるAIDS患者報告数の動向」より）。

早期にHIV感染症がわかればエイズの発症を防ぐことができます。そのためにはHIV検査を受けるしかありません。HIV検査は全国のほとんどの保健所などで無料・匿名で検査が受けられますし、有料なら医療機関でも検査は受けられます。少しでもHIV感染の心配があれば、検査を受けることが重要です。

ポリオウイルス

■麻痺を起こすウイルス

急性灰白髄炎（かいはくずいえん）（ポリオ）は、ポリオウイルスが脊髄に侵入し、中枢神経組織に感染して急性の麻痺が起こる病気です。かつては小児に多発したことから「小児麻痺」とも呼ばれました。

ポリオワクチンの接種により、ウイルスに感染しても典型的な「麻痺型ポリオ」は1%以下です。残りは「不全型」と麻痺を伴わない「非麻痺型」で、無症状あるいは夏風邪のような軽い症状だけで回復しています。

日本では、ワクチン接種の普及によりほとんどの人に免疫ができ、1981年以降、ポリオ患者は1人も出ていません。

ポリオは主に乳幼児が多くかかる病気ですが、発生頻度は低くても麻痺が残ることがあるため、感染症法の2類感染症に指定される重大疾患です。

現在、ポリオの流行が続いている国（流行国）は、アフガニスタン、ナイジェリア、パキスタンの3か国ですが、その周辺の国でも流行国からの輸入患者の発生が報告されています。流行国の発生に加えて2012年のチャド、2013年のソマリアと続き、2014年になって感染の拡大が続いたことから、WHOは同年5月に「現在のポリオの発生状況は、国際的な公衆衛生上の脅威となる事象の1つ」と宣言したほどです。

■ウイルスの構造と特徴

ポリオウイルスはエンテロ（腸）ウイルスに属するRNAウイルス。大きさは直径30nmと非常に小さく、外被膜（エンベロープ）をもたず､球状の多面体カプシド（殻）で、遺伝子をくるんでいます。

ポリオウイルスには3種類のタイプがあり、症状の現れかたも異なり、ワクチンもそれぞれに必要です。

感染経路

糞便中に排泄されたポリオウイルスがヒトの口の中に入り、腸の中で増えることによりポリオに感染します（糞口感染）。増えたポリオウイルスは再び便の中に排泄され、この便を介してさらにほかの人に感染します。ポリオウイルスの自然宿主はヒトだけです。ウ

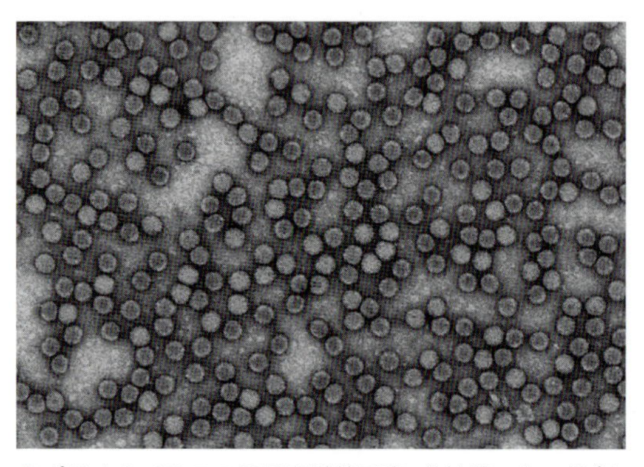

●ポリオウイルスの電子顕微鏡写真。外被膜のない殻（カプシド）だけの小さな球形ウイルスが密集している。
（写真提供：CDC）

ポリオウイルスの特徴

大きさ	直径30nm
遺伝子	RNA
感染力（伝播力）	強い（約6人）
致死率	幼児約5%、成人約20%（麻痺を起こした患者のうち呼吸筋が麻痺した場合）
ワクチン	あり
抗ウイルス治療薬	なし
治療法	対症療法のみ

ワクチンの摂取で
ポリオ患者が出なく
なるのね。

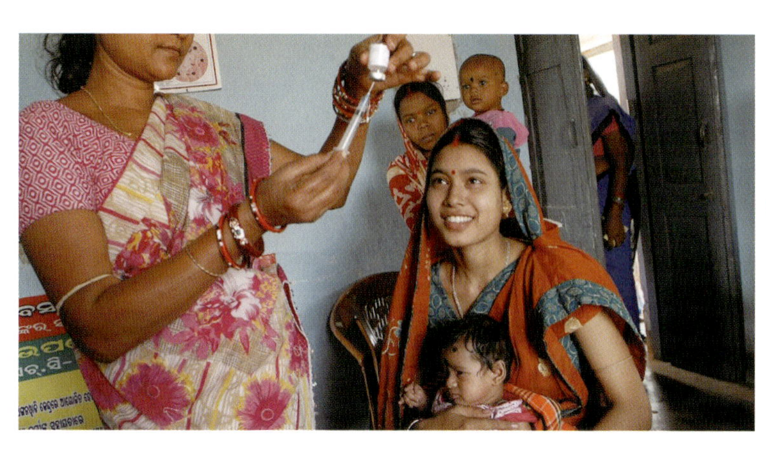

●母親と一緒にポリオワクチンの接種を受ける子供。インドにて。インドはかつてポリオ発生の中心地として知られていたが、2012年以降、患者が１人も出ていない。国をあげてのワクチン接種活動が功を奏した。
（写真提供：Unicef India）

イルスはヒトからヒトへしか感染しません。

潜伏期間と症状

感染してから３日〜35日後に、発熱、頭痛、のどの痛み、吐き気、嘔吐（おうと）などの風邪に似た症状が現れることがあります。さらにウイルスが腸管から脊髄の一部に入り込み、脊髄前角（せきずいぜんかく）細胞への感染によって、手や足を中心とした急性弛緩性麻痺（脱力して急にだらんとする）が現れ、その麻痺が一生残ってしまうことや、呼吸困難で死亡することもあります。

検査と診断

診断は、発症後すぐに便を採取して細胞培養でウイルスを分離した後、中和法によりポリオウイルスであることを確認します。

治療法とワクチン

現在、ポリオの確実な治療法はなく、症状を和らげる対症療法を行います。抗ウイルス薬もありません。麻痺については、残された機能を最大限に活用するためのリハビリテーションが行われます。

ポリオワクチンには、経口生ワクチン（弱毒化したウイルス）と注射による不活化ワクチン（ウイルスの断片）があります。日本では1960年に生ワクチンを導入し、2012年からはすべて不活化ワクチンに切り替えて乳幼児に接種しています。生ワクチンにはごくまれですが、麻痺が出る副作用があるためです。

WHOのポリオ根絶決議

1988年の世界保健総会で、ポリオを全世界から根絶する決議が採択されました。以降、各国政府、WHO、UNICEFなどの主導で、ポリオワクチンを世界中の子供たちに精力的に接種する活動が進められてきました。その結果、1988年には125か国以上あったポリオ患者の常在国が、2014年には3か国（アフガニスタン、ナイジェリア、パキスタン）に減少しました。1988年には35万人いた患者数も、2013年には406人に激減したと報告されています。

しかし、ポリオに感染した子供が1人でもいる限り、感染が広がる可能性が残ります。2014年以降、周辺国でも感染例がみられ、根絶までは、これからもワクチン接種活動が必要です。

日本脳炎ウイルス

■麻痺を起こすウイルス

日本脳炎とは、日本脳炎ウイルスをもった蚊に刺されて感染し、体内で増えたウイルスが脳や脊髄に侵入して起こす病気です。

ウイルスを媒介する蚊は水田などで発生するコガタアカイエカ。活動が活発になる初夏から秋にかけて、関東より西の地域で発生します。日本ではワクチンが普及したため、蚊に刺されて感染しても、大多数の人は無症状で終わるのですが、100～1000人に1人が脳炎を発症します。脳炎発症者のなかでの致死率は20～40％と高く、幼少児や老人では死亡の危険性が大きくなります。

そして、脳炎発症後の生存者の45～70％には麻痺やパーキンソン病様症状、精神障害などが残り、特に小児では重度の障害を残すことが多いといわれます。感染症法上では4類感染症に指定されています。

日本脳炎はアジア地域で広く流行している感染症です。毎年3万5000人～5万人の患者が発生し、このうち1万～1万5000人が死亡していると推定されます。温帯地域では夏期に、そのほか亜熱帯・熱帯地域では雨期に病気の発生が多くなります。

日本でもかつては日本脳炎患者が多くみられましたが、1967年から大々的にワクチン接種が開始されて、患者数は著しく減少しました。1966年に2000人いた患者数は、1992年以降、年間10人前後にとどまっています。患者数の減少は、感染者が減少したのではなく、ワクチン接種のおかげで免疫ができ、脳炎を発症する症例が急減したのです。

■ウイルスの構造と特徴

日本脳炎ウイルスは、フラビウイルス科に属するRNAウイルスです。小型の球形ウイルスで大きさは20～50nmです。

感染経路

ウイルスは蚊が媒介しますが、ヒトからヒトへの感染はありません（日本脳炎患者を刺した蚊が別の人を刺しても感染しない）。ウイルスは保有動物であるブタの体内で増殖し、血液中にあふれてきます。そのウイルス

●日本脳炎ウイルスの電子顕微鏡写真。小さな球形ウイルスで、外被膜（エンベロープ）には突起（スパイクタンパク質）が存在し、感染細胞のレセプターと結合する。 （写真提供：長崎大学）

日本脳炎ウイルスの特徴

大きさ	直径20～50nm
遺伝子	RNA
感染力（伝播力）	弱い
致死率	20～40％ （脳炎を発症した場合）
ワクチン	あり
抗ウイルス治療薬	なし（開発中）
治療法	対症療法のみ

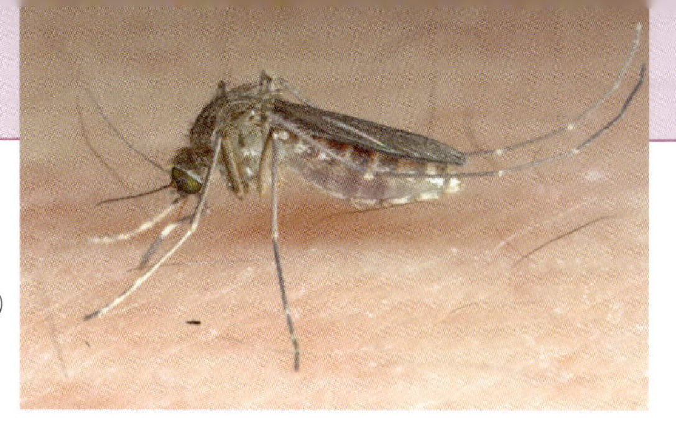

●日本脳炎を媒介するコガタアカイエカ。
（写真提供：国立感染症研究所衛生昆虫写真館）

を蚊がブタから吸血するときに取り込み、ウイルスをもった蚊がヒトを刺したときに感染します（ブタ→蚊→ヒト）。

潜伏期間と症状

ウイルスに感染しても無症状ですむ場合がほとんどですが、そうでない場合、蚊に刺されてから通常6～16日の潜伏期間の後、高熱、頭痛、吐き気、嘔吐がみられます。小児では下痢や腹痛を伴うことも多いようです。続いてウイルスが脳や脊髄に侵入して、意識障害、けいれん、異常行動、筋肉の硬直などが現れます。脳炎が進行すると、脳が腫れてけいれんを起こしたり、呼吸ができなくなったりします。

検査と診断

日本脳炎ワクチンの未接種者で上記のような症状がみられたら、必ず日本脳炎を疑う必要があります。診断を確定するには、血液中のウイルスに対する抗体の量を調べたり、あるいは生体検査で採取した組織からウイルスを検出したり、ウイルスの遺伝子を検出したりします。

治療法とワクチン

日本脳炎ウイルスに対する抗ウイルス薬はまだありません。したがって、治療は症状を和らげる対症療法が中心です。特に、高熱とけいれんの管理が重要です。

日本脳炎は予防が重要で、不活化ワクチンが有効です。日本では現在、小児に定期接種が行われています。

日本脳炎の発生地域

日本脳炎の発生地域（地図の■の部分）は東南アジアから南アジアにかけて広く分布している。1995年にオーストラリアのバドゥ島で日本脳炎の患者が発生し、アジア以外の地域への広がりが明らかになってきた。
（国立感染症研究所のデータより作成）

狂犬病ウイルス

■致死率100%の殺人ウイルス

砲弾型の狂犬病ウイルスが体内へ侵入し、けいれんなどの重い症状を起こす人畜共通感染症が狂犬病です。ほとんどの哺乳動物から感染する可能性があります。確実な治療法はなく、発症後3～5日で死亡します。発症した人の致死率はほぼ100%です。

WHOによれば、全世界で毎年3万5000人ほどが狂犬病により死亡しています。発生地域はアジアとアフリカが大部分を占め、狂犬病の野良イヌから多く感染しています。南アメリカでは吸血コウモリによる家畜の狂犬病が経済的な被害を与えています。北アメリカおよびヨーロッパではヒトの狂犬病は少ないものの、アライグマ、スカンク、キツネ、コウモリなどの野生動物の狂犬病が根絶できていません。

日本では1957年以降、海外での感染例を除き、狂犬病は発生していません。飼い犬に対する狂犬病の予防注射が法律で義務づけられ、感染を防いでいます。

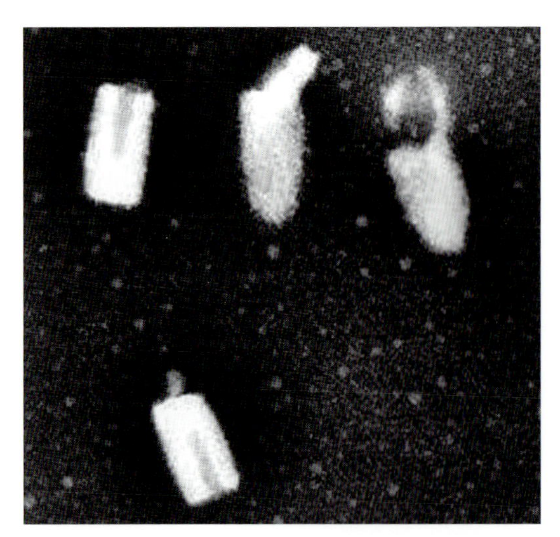

●砲弾型をした狂犬病ウイルス。円筒形の外被膜とカプシド（殻）が遺伝子RNAをくるんでいる。電子顕微鏡写真。
（写真提供：国立感染症研究所）

■ウイルスの構造と特徴

狂犬病ウイルスは、特徴的な砲弾型をしたRNAウイルスです。円筒形をしたウイルス粒子の大きさは直径75nm、長さ180nm。片側が円錐形をしています。円筒の表面を外被膜（エンベロープ）が覆い、その内側に裏打ちするようにタンパク質でできたカプシド（殻）があり、内部に一本鎖のRNAを収納しています。

感染動物にかまれると、傷口からウイルスが体内に侵入し、末梢神経の細胞から中枢神経（脳）にまで達し、脳で大量に増殖してか

●狂犬病を発病して、狂暴化したイヌ。
（写真提供：iStock）

狂犬病ウイルスの特徴

大きさ	75～180nm
遺伝子	RNA
感染力（伝播力）	弱い
致死率	ほぼ100%
ワクチン	あり
抗ウイルス治療薬	なし
治療法	特異的治療法はない

狂犬病ウイルスは、
神経細胞だけでなく、
唾液腺でも増殖
するんだ。

●狂犬病ウイルスは、イヌなど感染動物の唾液に大量に含まれている。（写真提供：iStock）

ら神経組織に広がり、さらに唾液腺でも増殖します。発病したイヌの唾液にウイルスが大量に含まれているのはこのためです。

イヌの場合、発病すると脳に炎症を起こし、神経過敏になり、狂騒状態となって、目の前のものすべてにかみつくようになります。

狂犬病ウイルスに感染したコウモリにかまれて感染する症例も多く報告されています。

感染経路

ウイルスは感染動物の唾液に含まれています。哺乳動物にかまれたり、傷口や目、口の粘膜などをなめられたりすると神経系の細胞に感染します。ヒトからヒトへは感染しません。

潜伏期間と症状

ウイルスが直接中枢神経を侵した場合、10日目あたりから、発熱や頭痛、全身倦怠感、嘔吐などが現れます。しかし、末梢神経に感染した場合、ウイルスは非常にゆっくり脳へ向かうので発症まで数年かかることもあります。発症後は麻痺が広がり、食べものを飲み込みづらくなり、水を飲もうとするとのどの筋肉がけいれんするため水を避ける症状（恐水症）が現れます。やがて呼吸不全、昏睡（こんすい）状態となり死亡します。

治療法とワクチン

いったん発症すれば治療法はないのですが、動物にかまれた直後に連続してワクチン接種と抗狂犬病ガンマグロブリンを投与すれば、発症を抑えるのに有効です。

もし狂犬病の疑いがある動物にかまれたら、傷口を石鹸と水（できれば流水）でよく洗い、消毒液で消毒し、できるだけ早く医療機関を受診してください。

狂犬病のワクチンには、イヌ用とヒト用があります。飼い犬にはワクチンの予防接種が義務づけられています。日本では狂犬病の発生が途絶えているので、ヒト用ワクチンの予防接種は、海外渡航者や獣医師など、必要に応じて行われます。世界にはアジア諸国など狂犬病流行国がまだ存在するので、それらの国や地域に渡航する際にはワクチン接種が推奨されています。

麻疹ウイルス

■感染力が非常に強い

麻疹は「はしか」ともいわれ、麻疹ウイルスの感染により引き起こされる急性熱性発疹性の病気です。麻疹ウイルスはヒトにだけ感染し、感染力は非常に強く、麻疹に免疫がない人が感染すると90%以上が発症し、症状の出ない不顕性感染はほとんどありません。好発（こうはつ）年齢（発生頻度が高い年齢）は1歳代が多く、約半数が2歳以下です。

感染症法上では5類感染症に指定されています。

麻疹はかつて世界中で流行した感染症です。ワクチンが普及していなかった1980年ころまでは年間約260万人が死亡していました。その後ワクチンが世界的に普及した結果、死亡者数は大きく減少しました。日本国内でもたびたび大きな流行をくり返していましたが、ワクチンの接種率の向上によって国内の麻疹の患者数は大きく減少しました。2010年以降、日本に土着のウイルスによる感染が3年以上みられなかったため、これを受けてWHO西太平洋事務局は、2015年3月、日本が「麻疹の排除状態にある」と認定しました。

しかし、世界ではワクチンの予防接種が普及していない発展途上国などで、まだ麻疹の流行がくり返されています。日本でも輸入感染から広がる麻疹患者が年間数百例ほど発生しているので、麻疹ウイルスへの警戒を怠ることはできません。

■ウイルスの構造と特徴

麻疹ウイルスは、直径100～250nmの球形ウイルスで、遺伝子はRNA。外被膜（エンベロープ）には突起（スパイクタンパク質）があり、感染細胞のレセプターと結合します。レセプターは組織の上皮細胞のほかに免疫細胞にも存在するため、麻疹ウイルスは免疫力を弱め、症状を悪化させてしまいます。

感染経路

空気感染のほかに、飛沫感染、接触感染があります。

麻疹ウイルスの特徴

大きさ	直径100～250nm
遺伝子	RNA
感染力（伝播力）	非常に強い（15人）
致死率	0.1～0.2%
ワクチン	あり
抗ウイルス治療薬	なし
治療法	対症療法のみ

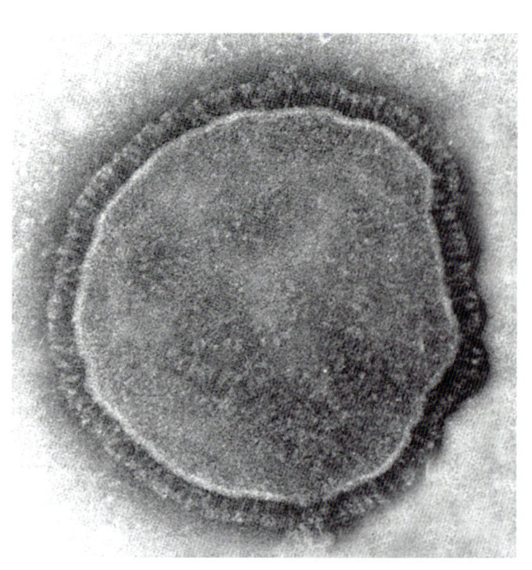

●麻疹ウイルスの電子顕微鏡写真。外被膜に突起（スパイクタンパク質）があり、この突起が感染細胞に結合する。
（写真提供：AJC1）

世界の麻疹の発生地域

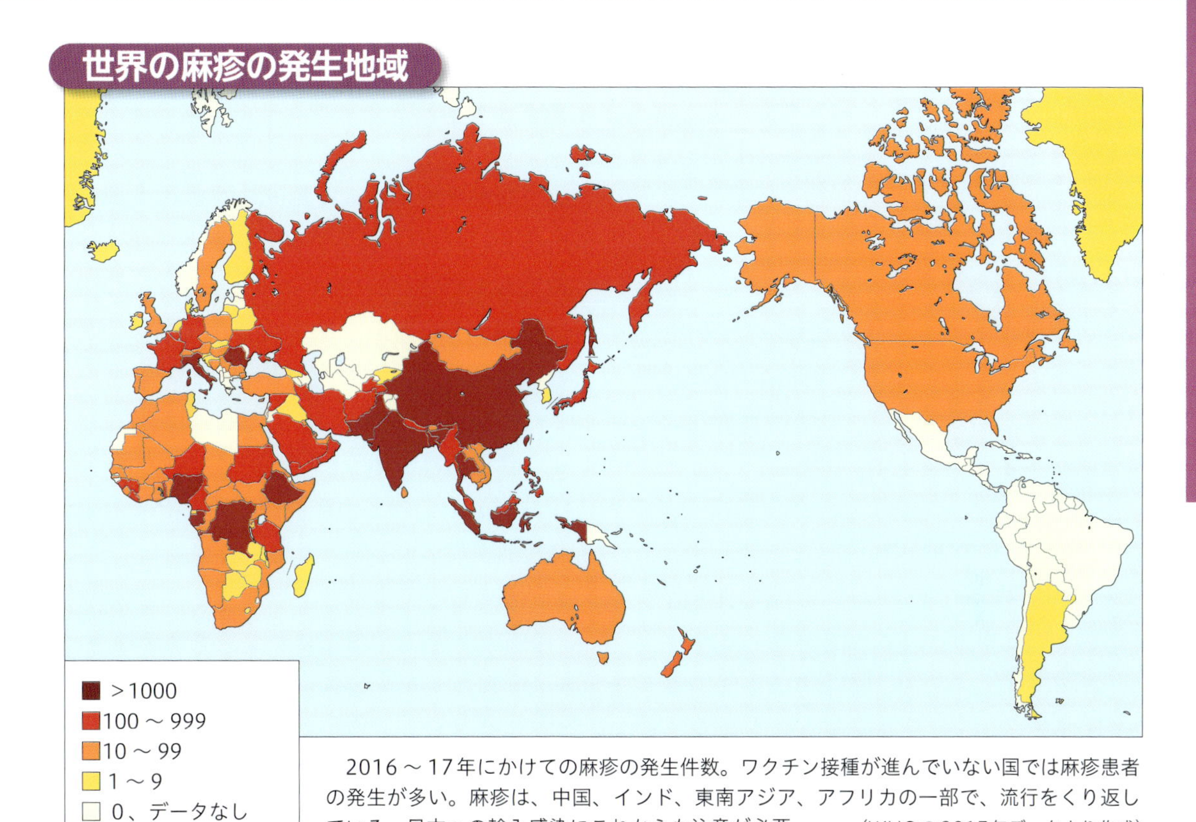

2016 ～ 17年にかけての麻疹の発生件数。ワクチン接種が進んでいない国では麻疹患者の発生が多い。麻疹は、中国、インド、東南アジア、アフリカの一部で、流行をくり返している。日本への輸入感染にこれからも注意が必要。　（WHOの2017年データより作成）

潜伏期間と症状

ウイルスの感染後、10～12日の潜伏期を経て発熱や咳などの症状で発症します。発熱期は咳、鼻水、結膜炎症状が強く、38℃以上の発熱が2～4日続きます。罹患中、最も感染力が強い時期です。その後はいったん解熱傾向を示しますが、間もなく耳後部付近から発疹が現れ、39℃以上の高熱が3～4日続きます。発疹出現の前後1～2日間に頬粘膜に、麻疹に特徴的な白い粘膜疹（コプリック斑）が現れます。コプリック斑を確認してから麻疹と臨床診断します。発疹はその後、顔面、体幹部、手足に広がって全身の発疹となり、数日後、色素沈着して回復に向かいます。

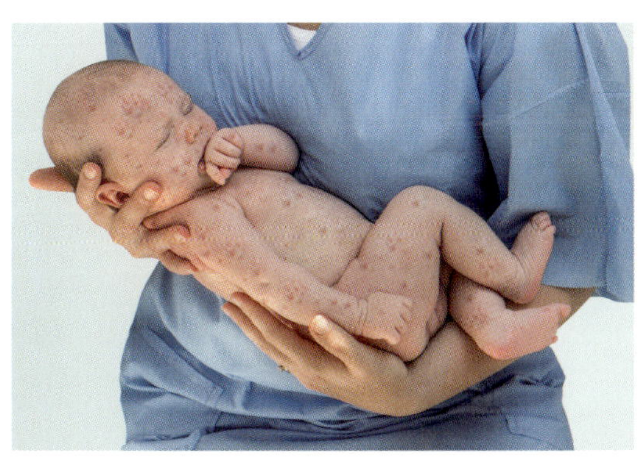

●麻疹ウイルスに感染し、発症した乳児。全身に赤い発疹が現れている。　（写真提供：iStock）

治療法とワクチン

麻疹ウイルスに対しては、ワクチンを接種して発症を予防することが最も重要です。1歳になったら速やかに接種することが望まれます。発症してしまった場合、ウイルスに特異的な治療法はありません。対症療法が中心で、肺炎や中耳炎など細菌性の合併症を起こしたときは抗生物質の投与が必要となります。麻疹を発症してしまったら、早急に小児科を受診し、入院の必要性も含めて相談することが大切です。

風疹ウイルス

■ウイルスの構造と特徴

風疹は、風疹ウイルスにより引き起こされるウイルス性発疹症です。「三日ばしか」とも呼ばれ、通常は3日ほどの軽度の発疹症状ですが、まれに重篤な合併症を併発することがあります。

日本では患者の7割近くが成人です。日本国内の風疹は1990年代前半まで5～6年ごとに大規模な流行がありましたが、1995年に男女幼児が定期接種の対象になってからは大規模な流行はみられなくなりました。近年では、海外で感染して日本に帰国した後に風疹を発症する成人男性とその職場での集団発生が散発的に報告されるようになりました。

感染経路

風疹は患者の飛沫（咳やくしゃみなどのしぶき）を吸い込むことで感染します。

潜伏期間と症状

ウイルスに感染後、14～21日（平均16～18日）の潜伏期間の後、発熱とともに全身に淡い発疹が現れます。通常は数日で治る病気ですが、まれに血小板減少性紫斑病や脳炎などを併発することがあります。

また、感染しても症状が現れない不顕性感染も15%程度存在します。成人では関節炎を伴うことがあります（5～30%）。風疹の3徴候（発熱、発疹、リンパ節腫脹）のいずれかを欠く症例についての臨床診断は難しく、さらには、風疹に似た症状を示す発熱発疹性疾患や薬疹との鑑別が必要となるため、確定診断には血液検査が必要です。

治療法とワクチン

風疹に特別な治療法はなく、症状を和らげる対症療法を行います。予防として弱毒生ワクチンが実用化され、先進国では広く使われています。日本では2006年からMR（麻疹・風疹混合）ワクチンが使えるようなりました。男女ともにワクチンを受けて風疹の流行を抑制し、特に女性は感染予防に必要な免疫を妊娠前に獲得しておくことが重要です。

妊娠2か月以内の女性が風疹にかかると、先天性風疹症候群（CRS）になることがあり、CRSの3大症状である白内障、先天性の心臓病、難聴の、いずれか2つ以上の病気をもって赤ちゃんが生まれてくることがあります。

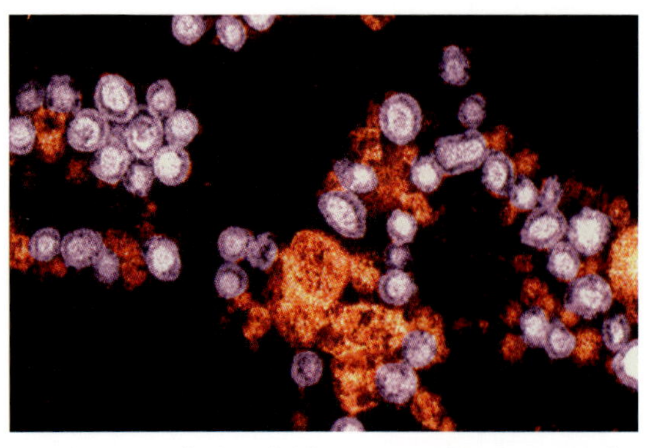

●風疹ウイルス（紫色に着色）の電子顕微鏡写真。外被膜（エンベロープ）に突起がある。（写真提供：Sanofi Pasteur）

麻疹ウイルスの特徴

大きさ	直径60～70nm
遺伝子	RNA
感染力（伝播力）	強い（5～7人）
致死率	0.1%以下
ワクチン	あり
抗ウイルス治療薬	なし
治療法	対症療法

第3章

体の中の戦い
免疫とワクチンと抗ウイルス薬

免疫は体内の防衛システム

■免疫とは何か

ウイルスや細菌など外敵から体を守る体内防衛システム、それが免疫です。

免疫の本来の意味は、「一度病気にかかると二度目は免れる」ということでした。疫病として恐れられたペスト患者を看護していた修道士のなかで、一度ペストに感染して助かった者は二度と発病しなかったという事実にもとづいています。

現代医学から見れば、免疫細胞たちがペスト菌を攻撃し、そのなかのB細胞が「抗体」というタンパク質を大量につくり、ペスト菌に結合して無力化し、体内から排除したのだとわかります。最初の侵入でペスト菌に遭遇したB細胞は、その目印（抗原）を記憶し、二度目の侵入に対しては直ちに抗体をつくりペスト菌を撃退したのです。

この抗体はペスト菌にのみ結合しました。1種類の抗体は、1種類の抗原（病原体）にしか結合しません。これを「**抗原抗体反応**」といい、免疫システムの最大の特徴です。

■自然免疫と獲得免疫

免疫という防衛システムは、2つの防衛線から成り立っています。最初に病原体から体を守るのは「**自然免疫**」と呼ばれる白血球の攻撃です。抗原抗体反応は、「**獲得免疫**（適応免疫）」と呼ばれる二段階目の防衛です。

まずは自然免疫から見ていきましょう。

白血球には、好中球、好酸球、好塩基球、マクロファージ、樹状細胞、リンパ球（T細胞とB細胞、NK細胞）などがありますが、好中球（白血球の5～7割を占める）と樹状細胞やマクロファージが自然免疫の主役です。

好中球は、末梢の血液中や呼吸器の粘膜など外界に近い組織に存在し、細菌が体内に侵入してくると、どんどん「食べて」消化し、殺菌します。

インフルエンザに罹患したとき、呼吸器に上気道炎など炎症を起こしますが、この「炎症反応」の主役が好中球です。炎症反応も生体防衛のための免疫反応の1つですが、ときに過剰になることもあります。

樹状細胞やマクロファージは病原体を「食べて」消化します。このとき主に樹状細胞が、「食べた」病原体の目印（抗原）を覚えて、リンパ球に伝え、次の「獲得免疫」の攻撃につなげます。樹状細胞は最前線で戦う兵であると同時に、免疫という防衛システム本体への伝令役も果たします。

■自然免疫におけるNK細胞

このほかリンパ球の一種、NK細胞（ナチュラルキラー細胞）も自然免疫で特別な働きをします。

感染防御の最前線では侵入してきたウイルスをすべて破壊することはできず、ウイルスに感染してしまう細胞も出てきます。このウイルス感染細胞は、もはやウイルスを増殖させるだけのウイルス生産工場のようなもので、生体にとっては危険物です。NK細胞は、この厄介なウイルス感染細胞を見つけ出し、破壊してくれる専門部隊です。

ウイルス感染細胞は後述の「獲得免疫」でも破壊されますが、生体にとっては最前線におけるNK細胞による攻撃も、ウイルス対策としてきわめて重要となっています。

自然免疫と獲得免疫

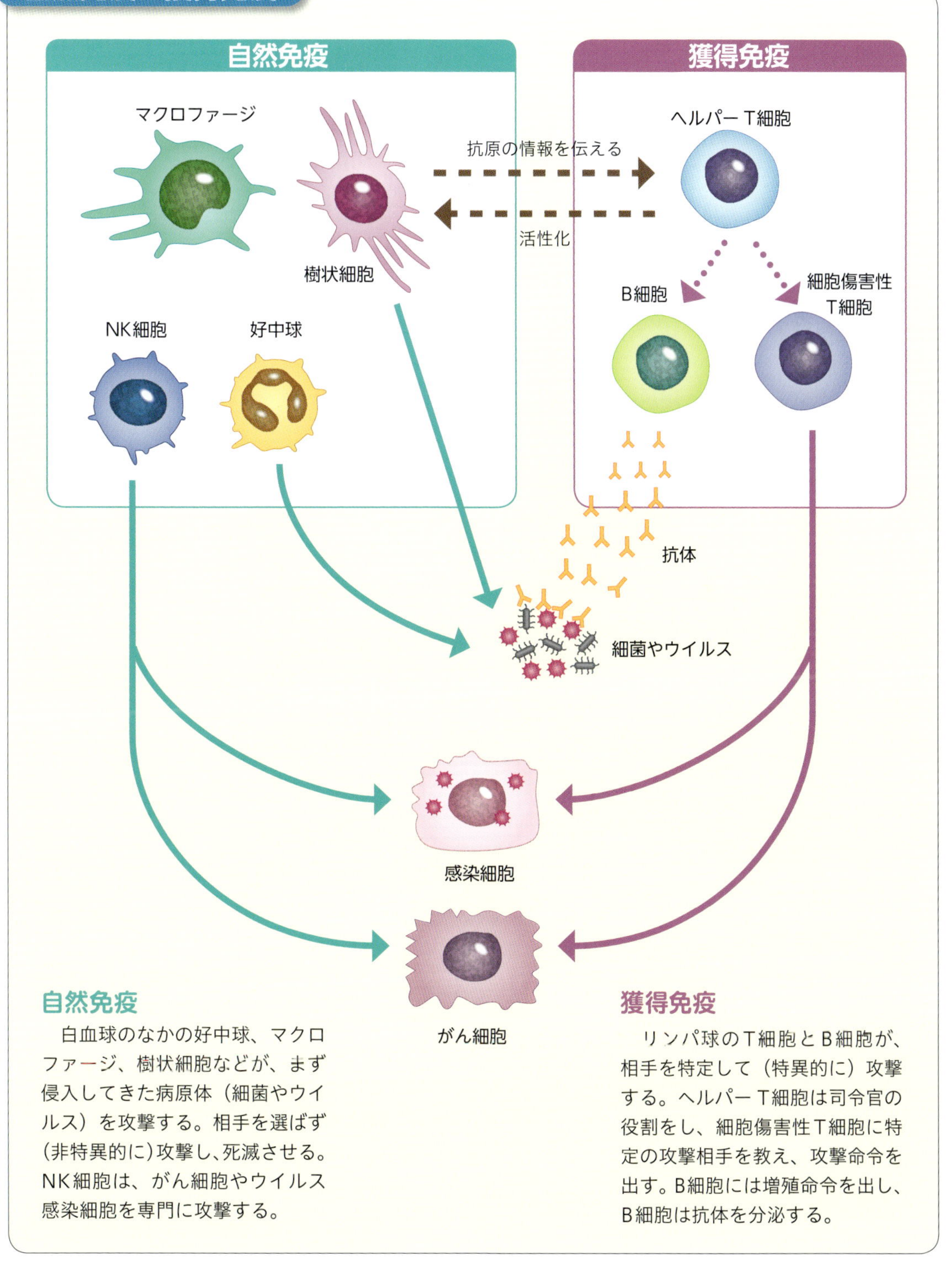

自然免疫

白血球のなかの好中球、マクロファージ、樹状細胞などが、まず侵入してきた病原体（細菌やウイルス）を攻撃する。相手を選ばず（非特異的に）攻撃し、死滅させる。NK細胞は、がん細胞やウイルス感染細胞を専門に攻撃する。

獲得免疫

リンパ球のT細胞とB細胞が、相手を特定して（特異的に）攻撃する。ヘルパーT細胞は司令官の役割をし、細胞傷害性T細胞に特定の攻撃相手を教え、攻撃命令を出す。B細胞には増殖命令を出し、B細胞は抗体を分泌する。

免疫の「抗原抗体反応」

■獲得免疫の主役はリンパ球

獲得免疫は、免疫システムの本体であり、外敵である病原体と自己組織とを正確に識別し、外敵のみを確実に攻撃する仕組みです。その主役がリンパ球の**T細胞**と**B細胞**です。

まずT細胞には、免疫システムの司令官ともいうべき「**ヘルパーT細胞**」と、以前は「殺し屋（キラーT細胞）」と呼ばれたこともある「**細胞傷害性T細胞**」とがあります。

ヘルパーT細胞は、ウイルスや細菌の目印（抗原）を覚えた伝令役の樹状細胞から、その目印を受け取ります。そして、その目印を認識できる細胞傷害性T細胞やB細胞を活性化し、獲得免疫のシステム全体を起動させ、病原体に対する攻撃体制を整えます。

目印となる「抗原」とは、具体的には病原体の一部、主に表面に存在する突起物（主にタンパク質）のような部分を指します。その「抗原」が免疫細胞にとっては「標的」となります。インフルエンザウイルスでいえば、ウイルス表面のHA（ヘマグルチニン）とNA（ノイラミニダーゼ）という突起物がまさしく「抗原」であり、標的です。

■ヘルパーT細胞と抗原レセプター

では、ヘルパーT細胞はどうやって抗原を認識するのでしょうか。

ヘルパーT細胞の表面には、抗原レセプター（受容体）と呼ばれる突起物があり、マクロファージが提示する抗原に結合することで、病原体であることを認識するのです。そして1種類のT細胞は1種類の抗原レセプターしかもっていません。つまり、提示された抗原に結合する抗原レセプターを持つヘルパーT細胞のみが活性化され、活動を開始するのです（他のレセプターをもつ膨大な数のT細胞は、自分のレセプターに合う外敵＝抗原が現れるまで待機して眠っています）。

ヘルパーT細胞によって、同じ抗原レセプターをもつ細胞傷害性T細胞だけが活性化され、その「殺し屋」がウイルス感染細胞の表面に存在するウイルス抗原を認識して、感染細胞を破壊するのです。

「抗原」と「抗原レセプター」そして次に登場するB細胞の分泌する「抗体」との関係は、「抗原抗体反応」と呼ばれ、よく鍵と鍵穴の関係にたとえられます。

■B細胞と抗体

ヘルパーT細胞によって活性化されるB細胞も、1種類の細胞は1種類の抗体しか産生しません。B細胞の表面にも抗原レセプターが存在し、それが抗体そのものとなります。活性化したB細胞は、抗体を大量に産生する「**形質細胞**」となり、特定の病原体にのみ結合する抗体を放出します。抗体は、標的となるウイルスや細菌の抗原をめざして、ミサイルのように突進していきます。

インフルエンザワクチン（ウイルスの断片）を打つことで、血液中に誘導されるのが、このB細胞と抗体です。

さらに、B細胞の一部は「メモリーB細胞」として病原体を死滅させたあとも長く生き残り、体内を循環して監視を続けます。免疫システムが二度目の病原体の侵入に対し、直ちに抗体を産生して撃退できるのは、このメモリーB細胞のおかげなのです。

T細胞とB細胞の働き（獲得免疫）

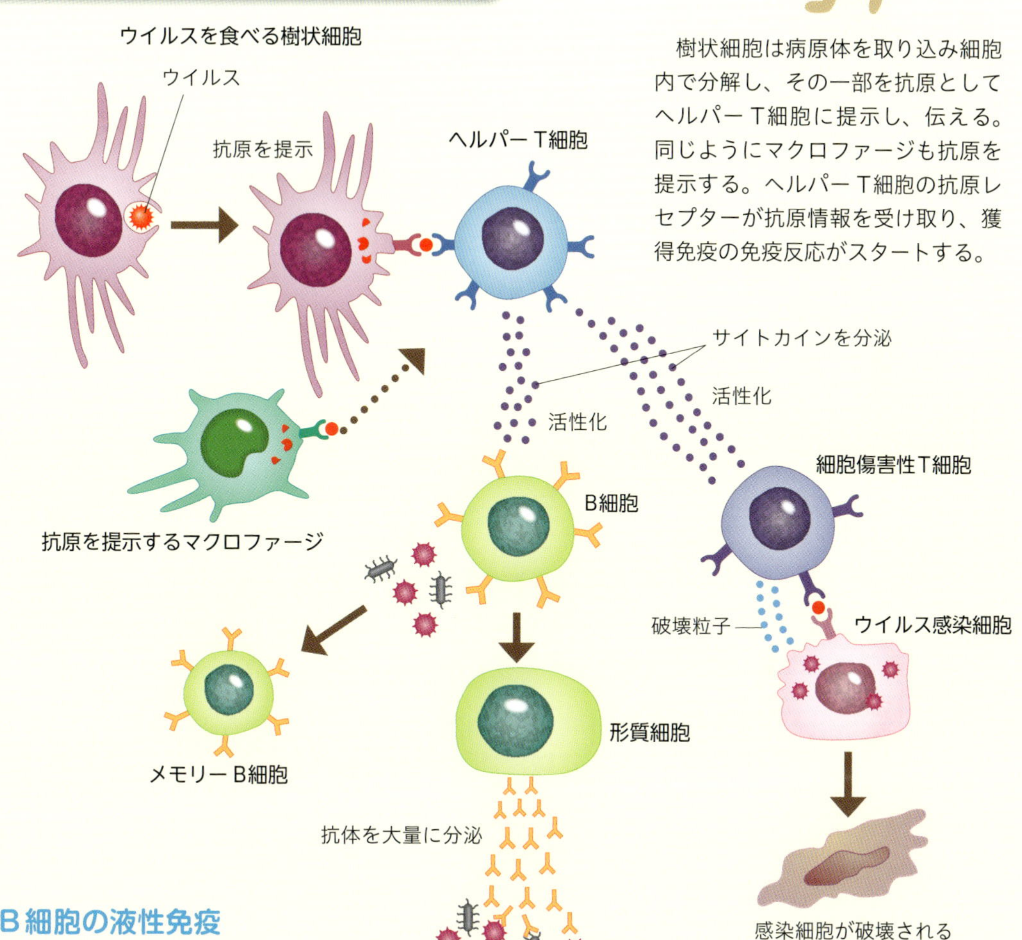

樹状細胞は病原体を取り込み細胞内で分解し、その一部を抗原としてヘルパーT細胞に提示し、伝える。同じようにマクロファージも抗原を提示する。ヘルパーT細胞の抗原レセプターが抗原情報を受け取り、獲得免疫の免疫反応がスタートする。

B細胞の液性免疫

B細胞は表面に抗原レセプター（1種類）をもち、ウイルスや細菌などの抗原を直接認識できたB細胞だけが活性化し、増殖する（B細胞も膨大な種類の予備群を常備）。ただし、B細胞が抗原レセプターを抗体として大量に分泌する形質細胞に変化するには、ヘルパーT細胞からの指令（サイトカイン）が必要。形質細胞から分泌された抗体は、それだけではウイルスなどに結合して無力化する。ただし抗体は細胞内へは侵入できないので、ウイルス感染細胞は攻撃できない。一部のB細胞はメモリーB細胞として残り、体内を循環して次の病原体の侵入に備える。

T細胞の細胞性免疫

抗原を認識したヘルパーT細胞は、同じ抗原を認識できるレセプターをもつ細胞傷害性T細胞を活性化し、増殖させる。細胞傷害性T細胞は、ウイルスなどに感染した細胞（ウイルス生産工場）を攻撃し、破壊する。感染細胞は表面に抗原を提示しているので、これが標的となる。ヘルパーT細胞の一部は、メモリーT細胞として残る。

ワクチンの仕組みと免疫

■ワクチンとは何か

自然界には、多種多様なウイルスが無数に存在し、インフルエンザウイルスをはじめ、そのうちの一部がヒトに対して病原性を有し、感染症を引き起こします。

そうした病原性ウイルスや細菌に対する最も有効な予防方法がワクチンです。

ワクチンは薬ではありません。ワクチンは弱毒化させた病原体、あるいは病原体の一部であり、それを体内に入れることで、免疫システムを作動させ、同じ病原体に遭遇しても発症を未然に防いだり、症状を抑えたりするのです。ワクチンを接種すると、免疫システムのスイッチが入り、システムが効果的に働くようになります。

世界初のワクチンとして有名なのは、エドワード・ジェンナーの天然痘ワクチン（種痘）です。牛痘を発病した牛の膿をワクチンとしてヒトに接種しました。牛痘のウイルスと天然痘のウイルスが非常によく似ていたため、天然痘の予防に成功しました。

現在は、ウイルスや細菌に対して多くのワクチンがつくられています。ワクチンには大別すると生ワクチンと不活化ワクチンの2種類があります。

■生ワクチンとは

生ワクチンは、生きている病原体そのものですが、その毒性（病原性）を相当に弱めたものです。生ワクチンが効果的なのは、前述したB細胞の抗体産生による「液性免疫」とT細胞による「細胞性免疫」の2つの攻撃システムを作動させることができるからです。

弱体化させたといってもウイルスなどの病原体を生きたまま体内に入れるのですから、軽い感染を起こします（これが生ワクチンの副作用の原因になります）。

体内に侵入した弱毒化ウイルスやウイルス感染細胞を、まず樹状細胞が取り込み、ヘルパーT細胞に抗原提示を行います。抗原を認識したヘルパーT細胞は、細胞障害性T細胞に命令し、ウイルス感染細胞を攻撃させて破壊します。細胞性免疫が誘導されたわけです。このとき、一部のT細胞がウイルスの抗原を記憶してメモリーT細胞として残り、次の本物のウイルスの侵入時には、細胞性免疫もすぐに作動します。

一方、B細胞も弱毒化ウイルスの抗原を認識し、ヘルパーT細胞による指令を受けて、抗体を産生し、ウイルスを攻撃します。液性免疫の誘導です。このことにより、ウイルスの抗原を記憶したメモリーB細胞が存続し、次の本物のウイルスの侵入に対応できるようになります（免疫ができたといいます）。

予防効果が高い生ワクチンですが、ときに副作用が問題とされることがあります。軽くても感染を起こすため、免疫力が弱い人の場合、軽い症状が出てしまうからで、また、弱毒化された病原体がまれに体内で変異し、病原性が元にもどることもあるからです。

■不活化ワクチンとは

生ワクチンと違い、ホルムアルデヒドなどの化学的処理によって、感染能力を完全に失わせた（殺した）ウイルスや細菌、あるいはその一部（タンパク質）をもとにつくられたものが不活化ワクチンです。不活化ワクチン

ワクチンを接種すれば
防衛システムである
免疫が誘導されます。

は、細胞に感染することがないため、生ワクチンに比べ、副作用が少なくなります。

しかし、生ワクチンに比べると予防効果の低いことが不活化ワクチンの欠点です。

不活化ワクチンを接種すると、体内ではB細胞による抗体産生が起こり、液性免疫が誘

ワクチンの感染予防の仕組み

生ワクチン

弱毒化ウイルス
樹状細胞
B細胞
ヘルパーT細胞
細胞傷害性T細胞
抗体を分泌
ウイルス感染細胞
ウイルスが侵入

不活化ワクチン

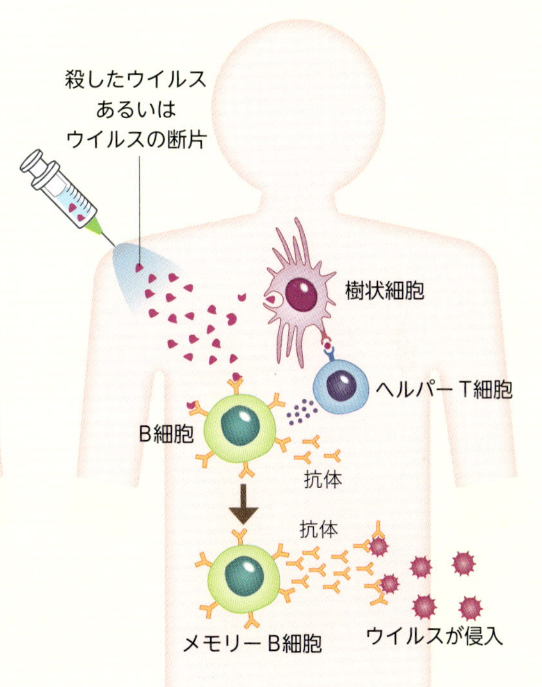

生ワクチン（弱毒化ウイルス）を注入すると、樹状細胞がウイルスや感染細胞を取り込み、ヘルパーT細胞にウイルスの抗原を伝える。ヘルパーT細胞は細胞傷害性T細胞とB細胞を活性化し、細胞性免疫と液性免疫の両方が誘導され、メモリーT細胞とメモリーB細胞が残る。実際にウイルスが侵入すると直ちに抗体が産生され、細胞傷害性T細胞が働きはじめる。

不活化ワクチンは、ウイルスの一部（または死んだウイルス）を体内に入れるので、抗原を認識したB細胞が、ヘルパーT細胞の助けを受けて、抗体を産生する。そしてメモリーB細胞が残る。実際に同じ抗原をもつウイルスが侵入すると、直ちにメモリーB細胞が反応し、大量に抗体が産生され、ウイルスを攻撃する。T細胞はすぐには応答せず、細胞性免疫は遅れて働く。

導されますが、細胞に感染しないためにT細胞による細胞性免疫は誘導されません。それだけに、実際に本物の病原体が侵入したときには、メモリーT細胞が不在のため、感染した細胞への対応が充分ではありません。防衛体制が万全とはいえず、感染細胞内での病原体の増殖を許し、症状を抑える効果が生ワクチンより低いことになります。

■さまざまなワクチンとその効果

病原性をもつウイルスや細菌に対して、さまざまなワクチンが開発され、使用されています。

ウイルスが起こす感染症のうち、生ワクチンが製造されている主な疾患は、麻疹（はしか)、風疹、水痘（水ぼうそう)、ポリオ（急性灰白髄炎、小児麻痺)、流行性耳下腺炎（おたふくかぜ)、ロタウイルス感染症（感染性胃腸炎）などがあります。細菌感染症の生ワクチンには結核（BCGワクチン）があります。

不活化ワクチンが製造されているウイルス感染症には、インフルエンザ、ポリオ、A型肝炎、B型肝炎、日本脳炎、ヒトパピローマウイルス（子宮頸がんの原因)、狂犬病などがあります。ポリオには、日本では安全性の高

抗体価とは？

ワクチン接種の必要性を調べる血液検査に抗体価検査があります。抗体価とは、血液中の特定の抗原に対して、B細胞が産生した抗体の量がどれぐらい存在しているかという指標です。被検査者の血清（血液の上澄み部分）を2倍ずつ希釈して（薄めていき)、抗原と反応がなくなる直前の値をいいます。8倍、16倍、32倍というように、高値になるほど抗体量が多く、免疫があることになります。たとえば、風疹では8倍未満は免疫が十分とはいえず、ワクチン接種が必要です。

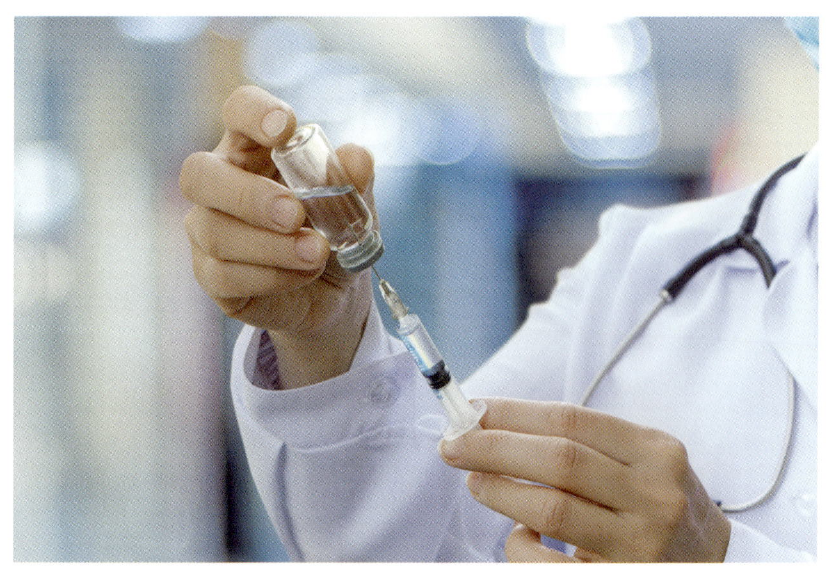

●ワクチンの接種がウイルス感染症の発症を予防する。 (写真提供：iStock)

い不活化ワクチンが接種されます。日本には野生のポリオウイルスがもはや存在しないため、生ワクチンからの野生ウイルスの復活を防ぐためです。細菌感染症の不活化ワクチンには百日咳、肺炎、コレラ用などがあります。

ワクチンの接種で
防げる感染症は
たくさんあるんだ！

いろいろな感染症とワクチン

ワクチンの種類	製造方法と特徴	病原体の種類	感染症・ウイルス
生ワクチン	生きているウイルスや細菌の病原性（毒性や感染力）を弱めてつくったワクチン。T細胞による細胞性免疫とB細胞による液性免疫を誘導。ウイルスや細菌が体内で増殖するので、接種後、感染したのと同じ軽い症状が出ることがある。また、生ワクチンがウイルスの場合、まれに体内で変異して野生に戻り、強い症状が出ることもある。生ワクチンは予防効果は高いが、安全性では不活化ワクチンより低くなる。	ウイルス	麻疹（はしか）
			風疹
			水痘（水ぼうそう）
			ポリオ（急性灰白髄炎、小児麻痺）
			流行性耳下腺炎（おたふくかぜ）
			黄熱病（黄熱ウイルス）
			ロタウイルス
		細菌	BCG（結核）
不活化ワクチン	細菌やウイルスをホルムアルデヒドや紫外線で処理して、増殖しなくした（殺した）もの、またはその体の一部や成分でつくったワクチン。B細胞による液性免疫だけを誘導。体内で病原体が増殖することがないので、安全性は高いが生ワクチンと違って、1回の接種だけでは誘導の効果が弱く、数回の接種が必要。	ウイルス	インフルエンザ
			ポリオ
			A型肝炎
			B型肝炎
			日本脳炎
			ヒトパピローマウイルス（子宮頸がん）
			狂犬病
		細菌	百日咳
			肺炎球菌
			コレラ

（厚生労働省の資料をもとに作成）

インフルエンザとワクチン

20世紀以降に発生したパンデミックは、すべてインフルエンザウイルスによるものでした。インフルエンザ対策としては、毎年ワクチンの接種が行われています。インフルエンザワクチンにも生ワクチンと不活化ワクチンがあります。

■インフルエンザの生ワクチン

インフルエンザの生ワクチンはヒトの体温では増殖力が低下するように病原性（感染能力）が弱められています。製品化された生ワクチンには、鼻の中に噴霧するスプレー式の「フルミスト」があります。鼻の粘膜にワクチンを付着させ、免疫を誘導します。病原性を弱めた4種類のウイルスを含む混合ワクチンで、不活化ワクチンより予防効果が高く、効果の持続も長い（1年間）とされています。

アメリカやヨーロッパでは認可されていますが、その効果に対しては評価が分かれています。最初に認可したアメリカでは2017年、効果が低いという調査データが出て、米国疾病管理予防センター（CDC）がフルミストを「非推奨」としました。一方、イギリスなどヨーロッパでは有効とする結果が出ており、「推奨」されています。

日本ではまだ認可されていませんが、2018年には厚生労働省から認可される可能性があります。

■インフルエンザの不活化ワクチン

インフルエンザウイルスの粒子の一部、表面のスパイクタンパク質HA（ヘマグルチニン）とNA（ノイラミニダーゼ）を集めて使うのが、不活化ワクチン（スプリット型）です。HAとNA以外のウイルスのタンパクや遺伝子RNAもわずかに含まれています。HAおよびNAを抗原としてB細胞による抗体産生を誘導します。感染力を完全に失わせた全粒子型不活化ワクチンも、H5N1亜型のプレパンデミックワクチンとして開発されました。

日本で認可されているのは、この不活化ワクチンだけです。2017年、日本で接種されるのは4種混合ワクチンで、インフルエンザウイルスA型2種（H1N1の亜型とH3N2の

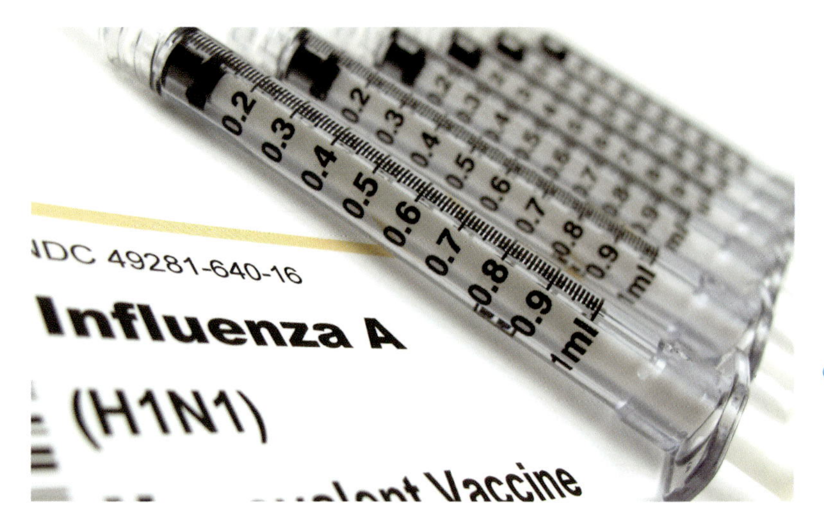

●2009年に流行したH1N1型インフルエンザウイルスに対するワクチン。生後6か月以上に処方された。
（写真提供：iStock）

亜型）とB型2種（山形系統とビクトリア系統）に対応します。ワクチンは、毎年、その年に流行しそうなウイルスを予測して組み合わせて製造されます（製造方法はミニ知識を参照）。予測通りのウイルスが流行すれば予防効果は高くなります。季節性インフルエンザには有効なワクチンです。

■パンデミックとワクチン

では、パンデミックを起こすような新型インフルエンザウイルスにワクチンは有効なのでしょうか。

ワクチンは、流行しそうなウイルスの「形（抗原）」を推測してつくるので、抗原がまったく違う新型インフルエンザウイルスには予防効果はほとんどありません。したがって、パンデミックを起こすようなインフルエンザを、ワクチンだけで抑え込むことはできないということです。

しかし、備えは必要です。そこでつくられているのが、「**プレパンデミックワクチン**」です。季節性インフルエンザワクチンと同様に、パンデミックを起こしそうなウイルスを予測して、ワクチンをつくり、準備しておくのです。準備したワクチンのウイルスが流行すると、多くの人の発症を防ぐことができます。現在、日本で準備されているのは、ヒトへの感染力が強まりそうなH5N1亜型高病原性鳥インフルエンザウイルスに対する不活化ワクチンです。

パンデミックが発生した後は、そのウイルスに対する「**パンデミックワクチン**」が6か月ほどかけてつくられます。

インフルエンザワクチンの製造方法

ワクチン製造にはニワトリの有精卵を使います。産卵後10～11日経った発育鶏卵（ヒヨコになる前の卵）にインフルエンザウイルスを注射し、2日間培養し、卵の内部でウイルスを増殖させます。卵からウイルスを含む液を抜き、精製して多数のウイルス粒子を取り出します。そのウイルス粒子をホルマリン（ホルムアルデヒドの水溶液）で活性を失わせたものが全粒子型不活化ワクチン。さらにエーテルを添加してウイルス粒子を分解し、ウイルス表面のスパイクタンパク質HA（ヘマグルチニン）とNA（ノイラミニダーゼ）を集めて精製したものがスプリット型不活化ワクチンです。4種混合ワクチンは、1種類ずつ製造したワクチン原液を4種類、混合させてつくります。

このほかワクチンの製造では、製造期間を短縮するため、卵を使わず、培養細胞で大量にウイルスを増やす方法も開発中です。

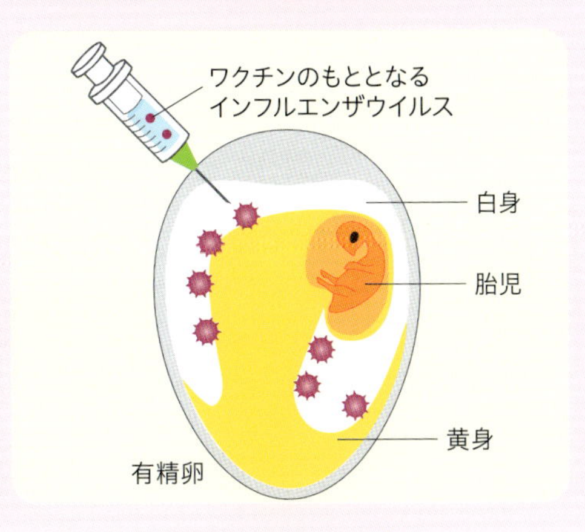

抗ウイルス薬はどこまで有効か

ウイルス感染症を治療するために開発されたのが抗ウイルス薬です。薬の基本的な仕組みは、体内でのウイルス増殖のプロセスをどこかで阻害するというもので、ウイルスごとにさまざまな抗ウイルス薬があります。

まずインフルエンザが起こすパンデミック対策として、ワクチンと並ぶ重要な柱である抗インフルエンザ薬について見てみましょう。

■主な抗インフルエンザ薬

ワクチンの場合は、接種によって免疫システムを起動し予防効果をもたらしますが、抗インフルエンザ薬は免疫とは関係なく、ウイルスが増殖する一過程を阻害して治療効果をもたらします。

現在、日本で認可されている主な抗インフルエンザ薬は、経口薬のオセルタミビル（商品名タミフル）と吸入薬のザナミビル（商品名リレンザ）、吸入薬ラニナミビル（商品名イナビル）です。それに点滴用の静注薬ペラミビル（商品名ラピアクタ）が加わります。

これらは、どれもウイルス表面のスパイクタンパク質NA（ノイラミニダーゼ）の働きを阻害する薬です。

■ノイラミニダーゼ阻害薬の仕組み

ノイラミニダーゼは、インフルエンザウイルスが宿主細胞に侵入して増殖し、子供ウイ

抗インフルエンザ薬の仕組み

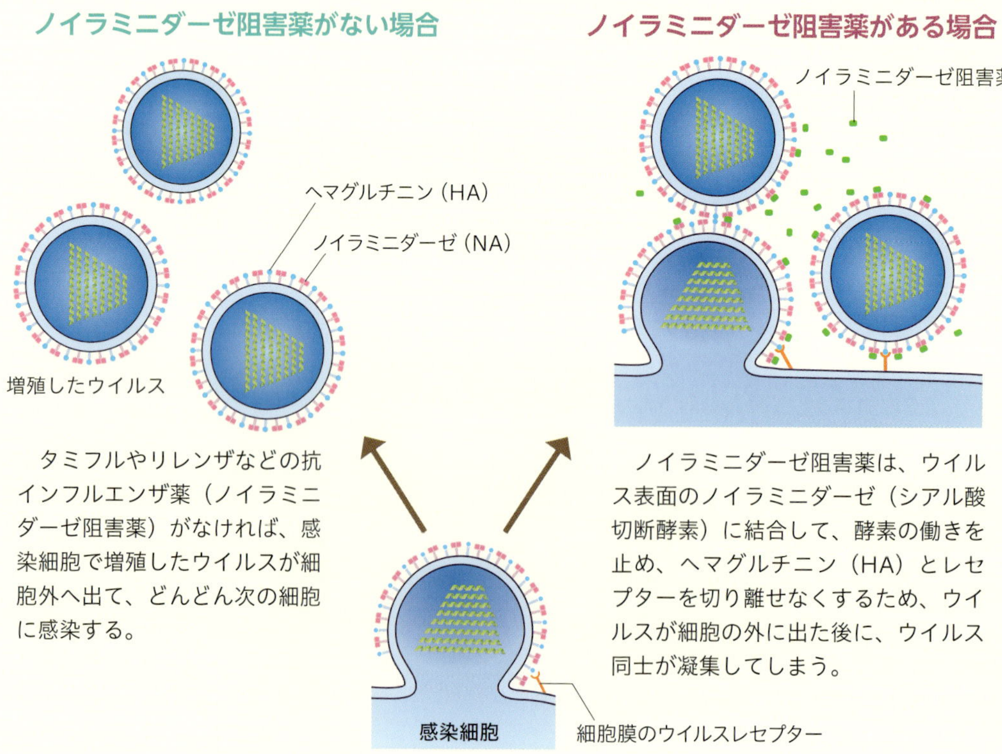

ノイラミニダーゼ阻害薬がない場合

ヘマグルチニン（HA）
ノイラミニダーゼ（NA）
増殖したウイルス

タミフルやリレンザなどの抗インフルエンザ薬（ノイラミニダーゼ阻害薬）がなければ、感染細胞で増殖したウイルスが細胞外へ出て、どんどん次の細胞に感染する。

ノイラミニダーゼ阻害薬がある場合

ノイラミニダーゼ阻害薬

ノイラミニダーゼ阻害薬は、ウイルス表面のノイラミニダーゼ（シアル酸切断酵素）に結合して、酵素の働きを止め、ヘマグルチニン（HA）とレセプターを切り離せなくするため、ウイルスが細胞の外に出た後に、ウイルス同士が凝集してしまう。

感染細胞
細胞膜のウイルスレセプター

ルスが細胞外へ放出され感染を広げるために必要な酵素です（→p.34）。ノイラミニダーゼは、子供ウイルスが細胞から離脱するときに、ウイルスのスパイクタンパク質HA（ヘマグルチニン）と細胞膜のレセプターのシアル酸との結合を切断して切り離します。

シアル酸切断酵素であるノイラミニダーゼの働きが阻害されると、子供ウイルスが細胞外へ出られません。またウイルスとウイルスがHAのシアル酸同士でくっつき、凝集してしまい、ほかの細胞に感染できなくなります。

■抗インフルエンザ薬の使用法

こうした抗インフルエンザ薬は、ウイルス感染後できるだけ早く（症状が出たらすぐに）、服用することが重要です。薬の阻害の仕組みをみればわかるように、ウイルス感染細胞から子供ウイルスがどんどん細胞外へ出てしまった後では、十分な治療効果は得られません。症状が出てから2日（48時間）以内に服用することが効果をあげる決め手です。

タミフルなどを服用すると、翌日には熱が下がり、回復も早まります。今は受診すればインフルエンザ迅速診断キットで、すぐに感染の有無が診断できます。症状が悪化するまで受診を待ったり、薬の服用を控えたりしてはいけないのです（使用法は→p.126参照）。

抗インフルエンザ薬は、感染拡大を防ぐためには有効な手段です。問題は薬に対する耐性をもつウイルスの出現です。2007年のソ連型インフルエンザでタミフル耐性ウイルスが世界中に広まったことがあります。ノイラミニダーゼ阻害薬以外の新しいタイプの治療薬の開発が望まれます（ミニ知識参照）。

M2タンパク質阻害薬とRNAポリメラーゼ阻害薬

抗インフルエンザ薬には、ノイラミニダーゼ阻害薬のほかに、M2タンパク質阻害薬というものもあります。一般名アマンタジン（商品名シンメトレル）という化合物で、ウイルスのM2タンパク質の働きを阻害することでウイルスの細胞内の増殖を抑えます。

アマンタジンを投与すると、ウイルスが細胞に侵入後、ウイルス遺伝子の細胞質への放出が抑制され、増殖することができなくなります。アマンタジンは、タミフルやリレンザより早く認可され、よく使われたのですが、アマンタジンに耐性をもつインフルエンザウイルスが出現し、急速に治療効果が失われてしまい、現在はほとんど処方されません。

一方、一般名ファビピラビル（商品名アビガン）は、ウイルス遺伝子RNAの合成を阻害するRNAポリメラーゼ阻害薬です。

作用のしかたがタミフルやアマンタジンとまったく違うので、効果が期待されますが、胎児への催奇形性のリスクがあるため、厚生労働省から条件付きで認可されています。新型インフルエンザの流行時に、既存の抗インフルエンザ薬の効果がないことが確認された場合に使用するという特殊な条件で、アビガンの備蓄がすでに始まっています。

抗ウイルス薬の種類と働き

インフルエンザのほかにも、さまざまなウイルス感染症があり、その治療のために抗ウイルス薬が開発されています。疾患別に主な薬剤とその働きを見てみましょう。

抗ウイルス薬のなかには、ウイルスが増殖するのに必要な酵素を阻害するものがあるんだ。

■ヘルペスウイルス感染症治療薬

ヘルペスウイルス（DNAウイルス）は帯状疱疹、水痘（水ぼうそう）、口唇ヘルペスなどを起こします。感染した細胞内で、ウイルスの遺伝子DNAを複製するDNAポリメラーゼを阻害し、ウイルスの増殖を抑えます。

DNAポリメラーゼ阻害薬として一般名アシクロビル（商品名ゾビラックスなど）があります。

■B型肝炎ウイルス治療薬

ウイルスはDNAウイルスで、肝臓に感染して肝炎を発症させます。肝細胞内で、ウイルスのDNAを複製するのに必要な酵素DNAポリメラーゼを阻害して、ウイルスの増殖を抑えます。

DNAポリメラーゼ阻害薬として商品名ゼフィックス、バラクルード、ヘプセラなどがあります。

■C型肝炎ウイルス治療薬

C型肝炎ウイルスはRNAウイルスで、肝炎を発症させます。肝細胞内で、ウイルスのRNAを複製するのに必要なRNAポリメラーゼを阻害するか、またはRNAによってつくられるウイルスタンパク質の合成過程で必要なタンパク質分解酵素（プロテアーゼ）を阻害して、ウイルスの増殖を抑えます。

RNAポリメラーゼ阻害薬には商品名レベトール、コペガスなど、プロテアーゼ阻害薬には商品名テラビック、ソブリアードなどがあります。

■HIV治療薬

エイズを治療する抗ウイルス薬です。HIV（ヒト免疫不全ウイルス）はRNAウイルス。免疫細胞のヘルパーT細胞に感染して免疫機能を低下させます。T細胞に侵入したウイルスは、逆転写酵素を使って自身のRNAをDNAに変換してT細胞のDNAに組み込み、ウイルスタンパク質をつくらせます。これらの過程で働く酵素を阻害して、ウイルスの増殖を抑えます。

逆転写酵素阻害薬は一般名アバカビル硫酸塩（商品名ザイアジェン）や一般名ラミブジン（商品名エピビル）などがあります。ウイルスタンパク質合成を阻害するプロテアーゼ阻害薬は一般名アタザナビル硫酸塩（商品名レイアタッツ）などがあります。逆転写後のウイルスDNAをT細胞のDNAに組み込むのに必要な酵素を阻害するインテグラーゼ阻害薬は一般名ラルテグラビルカリウム（商品名アイセントレス）、一般名ドルテグラビルナトリウム（商品名テビケイ）などがあります。

第4章

感染拡大を防ぐ社会的取り組み

感染症対策の国際的取り組み

■WHOの果たす役割

WHO（World Health Organization：世界保健機関）は、国際連合の専門機関として1948年4月7日に誕生しました。世界の保健指導を主な任務としており、現在、194の国と2地域が加盟し、「すべての人民が可能な最高の健康水準に到達すること」（憲章第1条）を目的に活動しています。

憲章序文中に「健康とは、完全な肉体的、精神的及び社会的福祉の状態であり、単に疾病又は病弱の存在しないことではない」と明記しているだけあって、WHOの事業は単に健康レベルアップだけにとどまりません。病気の撲滅と病気に関する情報の公開、災害地での医療活動、医療後進地への医薬品供給、安全な飲料水と食糧の供給、家族計画の普及など、健康的で健全な暮らしを、世界的規模でバックアップしていると考えてよいでしょう。

これらの事業のなかで、WHOが創設より最も力を入れ、かつ、粘り強く取り組んできたのが感染症の予防とその対策です。

有史以来、多くの人々の命を奪ってきた感染症のうち天然痘が、1980年に地球上から根絶されました。アメリカとロシアが厳重に管理しているものを除き、天然痘ウイルスは自然界からは姿を消したのです。これはWHOが精力的に進めてきた活動の成果です。

しかし、ウイルスの消滅は非常にまれなケースであり、地球上にはいまだに致命的感染症を引き起こす可能性をもつウイルスが無数に存在しています。このウイルスによるパンデミック（世界的大流行）が発生すると、感染者激増で社会は混乱し、対策費用も巨額なものとなり、とても一国では対処ができません。ましてや現代はグローバル社会。感染は国境を越え、たちまち世界的規模になってしまいます。こうした状況に対処するため、

●スイスのジュネーブにあるWHOの本部。　（写真提供：iStock）

世界中の感染症を
監視しているんだね。

WHOには世界横断的な対応という役割が課せられているのです。

■24時間体制で感染症を監視

インフルエンザを含む感染症対策において、WHOが初動として力を入れているのが、世界中の感染症情報の収集です。情報源は

❶ 地球規模感染症ネットワーク（GOARN：Global Outbreak Alert and Response Network）

❷ 各国のWHOオフィスからの報告

❸ WHOのパートナー機関からの報告

の3つがあります。

❶はWHOがカナダ保健省と共同開発したインターネット・サーチエンジンを活用したシステムであり、❸はユニセフ、国境なき医師団、国際赤十字などの活動で現地に出ている人からの報告を指します。WHOはこれら

WHOの組織図

- 事務局長
  - 事務局次長
    - ポリオ・緊急部
    - 非伝染性疾患・精神保健部
    - HIV/AIDS・結核・マラリア部
    - 保健安全部
    - 保健システム革新部
    - 家族・女性・子供保健部
    - 総務部
    - 事務局長室
  - 西太平洋地域事務局長
  - 東地中海地域事務局長
  - ヨーロッパ地域事務局長
  - 東南アジア地域事務局長
  - アメリカ地域事務局長
  - アフリカ地域事務局長

●パキスタンのポリオ患者。ポリオはWHOが撲滅をめざして最も力を入れている感染症の1つ。
（写真提供：Sanofi Pasteur）

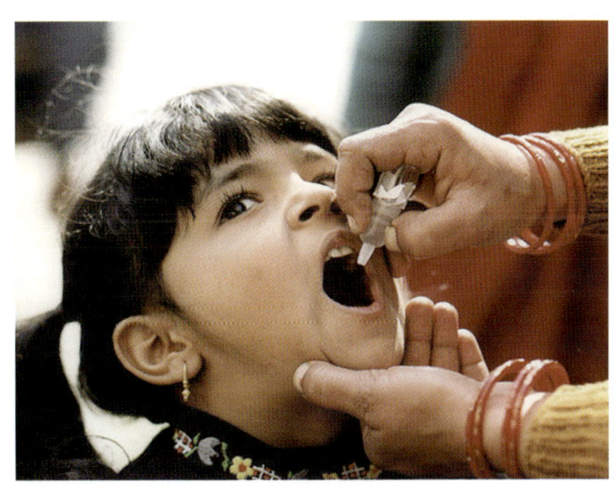

●ポリオの生ワクチンを経口で接種するインドの少女。日本では不活化ワクチン（注射）が使われる。
（写真提供：CDC Global）

の情報源を通じて24時間、リアルタイムで感染症情報に目を光らせています。

■WHOと各国の対応

感染症が発生したときのWHOと加盟国・加盟地域の動きは、WHO憲章第21条に基づく国際規約「IHR（International Health Regulation：国際保健規約）」の規定に則って行われます。

これは「国際交通に与える影響を最小限に抑え、疾病の国際的伝播を最大限防止すること」を目的とした規約であり、1951年に制定されたものを、2005年に大幅に改正して現在にいたっています。

改正の理由は、SARSや鳥インフルエンザなどの新興・再興感染症による健康危機への対応、WHOと各国の協力体制の確立、現実味を帯びてきたバイオテロへの対応の必要性などでした。また、「国際交通に与える影響」という文言からもわかるように、グローバル化した物流や通商も念頭においています。

改正前の規約が対象としていたのは、黄熱病・ペスト・コレラの三感染症のみでしたが、改正後はPHEIC（Public Health Emergency of International Concern：国際的に懸念される公衆衛生上の緊急事態）のすべてが対象となりました。

■感染症が発生したらどう動く？

さて、感染症発生時の具体的な動きは、加盟国・加盟地域からWHOへの通告→WHOから加盟国・加盟地域への勧告→実際の措置という流れで行われます。

WHOへの通告は加盟国・加盟地域の義務であり、PHEICとなり得る事態が生じたら24時間以内にWHOへと通告しなければなりません。また、WHO本部もリアルタイムで情報を集めているので、通告があがってきていない段階でも、当該国・当該地域に照会と検証を求めることがあり、加盟国・加盟地域は24時間以内に対応をはじめなければなりません。

このとき国・地域内では「IHR担当窓口」がWHOとのパイプ役になります。24時間体制でWHOと連絡をとる部署であり、日本では厚生労働省大臣官房厚生科学課が、この「IHR担当窓口」となっています。

通告を受けて、WHOでは緊急委員会を設置します。委員会は「IHR専門家名簿」に登録された専門家からなり、上がってきた情報をもとに「PHEICに該当するか否か」を判定します。該当すると判定されれば、WHO事務局長はPHEIC宣言を出すと同時に、当該国・当該地域に必要な措置を講じるように通告を出すのです。

これを受けて国・地域が実際の措置に動き、WHO側も国・地域の要請があれば技術や人員の援助を行い、感染の拡大防止と収束に取り組みます。

世界的に大流行しそうな感染症が発生したら、WHOがすぐに対策に取り組むのね。

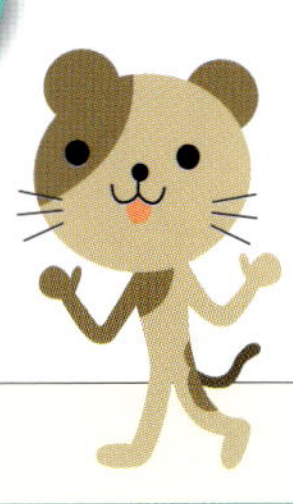

WHOと各国の
協力はこうして
行われるんだね。

WHOと各国の協力体制

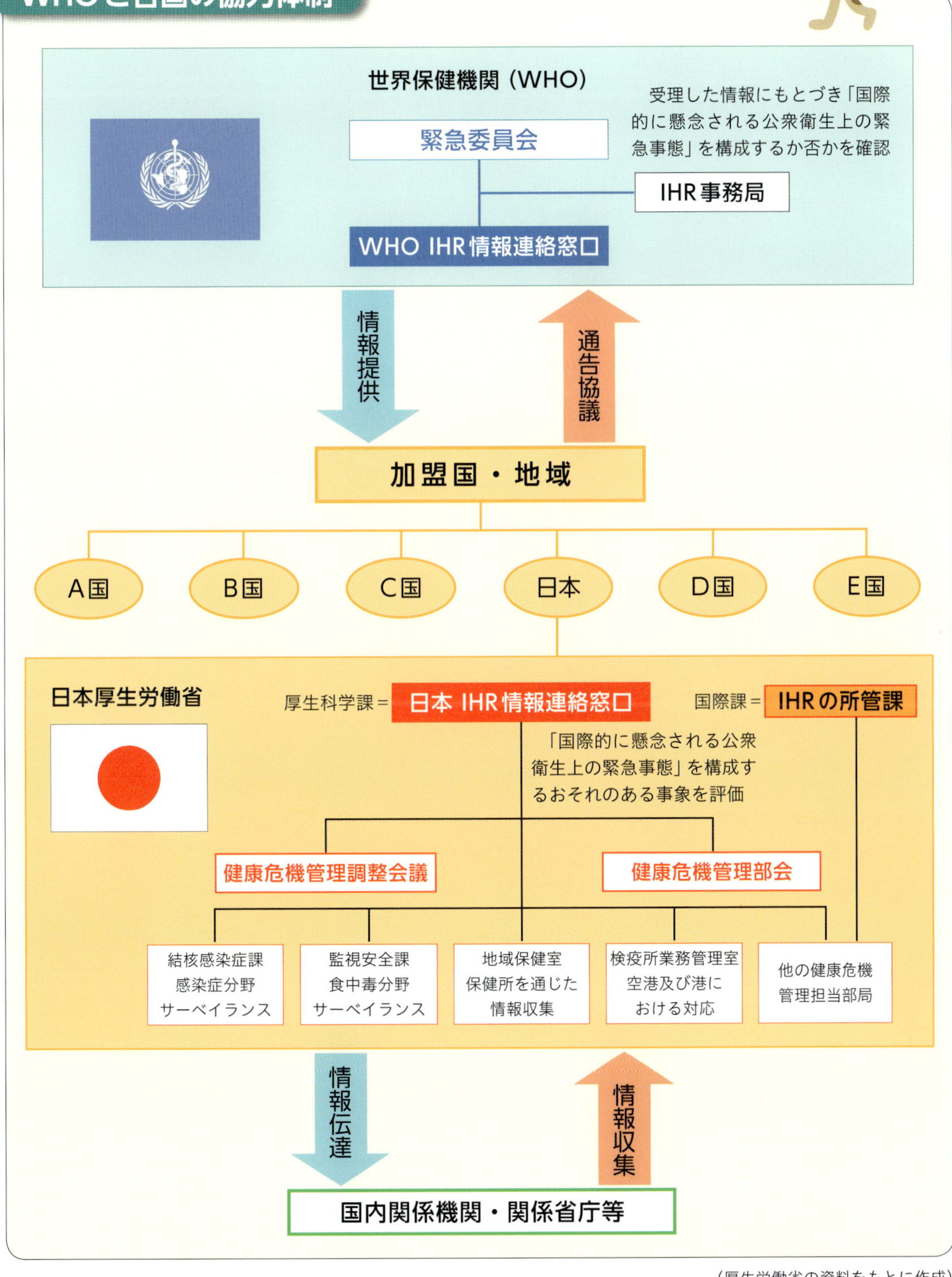

（厚生労働省の資料をもとに作成）

バイオテロ対策はどうあるべきか

■現実味を帯びてきたテロ

「バイオテロ」とは生物兵器によるテロリズムです。特定の国・地域の政治・経済・社会秩序の混乱をもくろむテロリストが、病原体となる細菌・ウイルス、また、それらの微生物が生み出した毒素を意図的にまくのです。

日本では2001年にアメリカで炭疽菌を使ったテロが発生してから、バイオテロ対策の本格的議論が始まりました。

そしてこの年の10月には厚生労働省が各都道府県に対して、「異常な感染症の発生を認めた際には疫学上の積極的調査と国の支援を受ける」旨を通達。あわせて国立感染症研究所感染症情報センターへの届け出要領についても周知がなされ、11月には当時の小泉内閣により、次の5項目が基本方針として決定されました。

これを受けて、バイオテロによって発生した感染症の検査・診断・治療に関する教育、天然痘ワクチンの備蓄、監視体制の強化、速やかな情報収集と集められた情報の伝達など、バイオテロ対策に付随する事柄が定められ、現在にいたっています。

日本のバイオテロ対策の基本

- 診療やワクチン備蓄など医療体制充実
- 医療機関相互の連携強化
- 生物剤・化学剤の管理とテロ防止の警戒
- 自衛隊・警察・消防・海上保安庁の対テロ対処能力の強化
- 国民に対する正確な情報の提供

■国立感染症研究所のBSL４施設

これにあわせて「国立感染症研究所病原体等安全管理規定」も、やはりバイオテロを念頭において改定されました。国立感染症研究所は厚生労働省に属する研究施設です。

病原体を扱う施設の格付けとなるBSL（Biosafety Level：バイオセーフティレベル）では、最高位の「4」に指定されている施設であり、研究対象としてさまざまな病原体が保管されています。

BSLのレベル１～４は、WHOが「実験室生物安全指針」で定めた病原体の１～４までのリスク（危険度）に対応しています。レベル１に対応する病原体１はヒトや動物に疾病を起こす可能性がほとんどありません。病原体２、３は疾病を起こすが、有効な治療法・予防法があるもので、ここにインフルエンザウイルスが含まれます。病原体４は重篤な疾病を起こし、治療法・予防法が確立されていない最強の病原体です。

●日本の代表的な感染症対策の研究施設、国立感染症研究所の戸山庁舎。ここにはBSL３の施設があり、同研究所の村山庁舎にはBSL４の施設がある。

バイオセーフティレベル（BSL）

レベル1（病原体1）

ヒトあるいは動物に疾病を起こす見込みのない微生物を扱う通常の実験室。特別に隔離されている必要はない。

レベル2（病原体2）

ヒトあるいは動物に疾病を引き起こすが、重大な健康被害を起こす見込みのない微生物を扱う。インフルエンザウイルス（弱毒株）、アデノウイルスなどがある。一般外来者は入室できず、許可された人物のみ入室でき、実験中は窓、扉を締め、施錠できなければならない。生物学用安全キャビネットを設置し、基本はその中で実験する。実験者は作業着または白衣を着用。扉には「バイオハザード」の警告の表示が必要。オートクレーブ（高圧蒸気滅菌器）を設置。

レベル3（病原体3）

ヒトあるいは動物に感染すると重篤な疾病を引き起こすが、感染者から関連者への伝播の可能性が低い微生物を扱う。新型インフルエンザウイルス及びH5、H7型の強毒株ウイルス、SARSウイルス、狂犬病ウイルスなどがある。封じ込め実験室。レベル2に加えて、エアシャワーなどを備えた前室が必要。壁、床、天井、作業台などは消毒可能なこと。実験は生物学用安全キャビネットの中で行う。実験室からの排気は高性能フィルターを通し、除菌したうえで、大気に放出。オートクレーブの設置。

レベル4（病原体4）

ヒトあるいは動物に重篤な疾病を引き起こし、感染者から関連者への伝播が直接・間接で起こりうる微生物で、有効な治療法・予防法がないものを扱う。エボラウイルスなどがある。最高度の封じ込め実験室。入室時はエアロックを通り、退室時はケミカルシャワーを使用（シャワー室を設置）。実験室からの排気は高性能フィルターで2段階浄化。作業者は陽圧の防護服を着用し、未着用での入室は禁止。

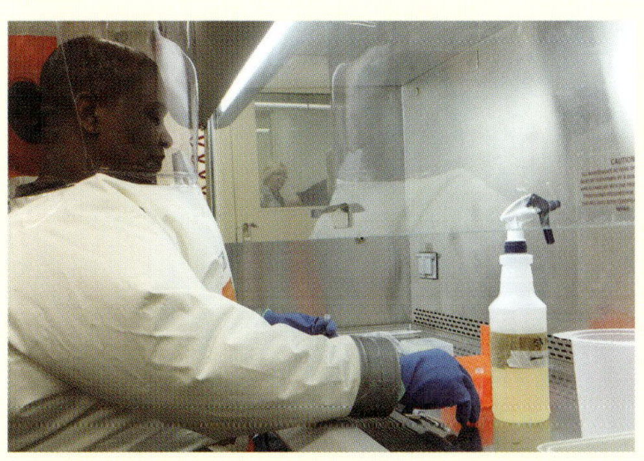

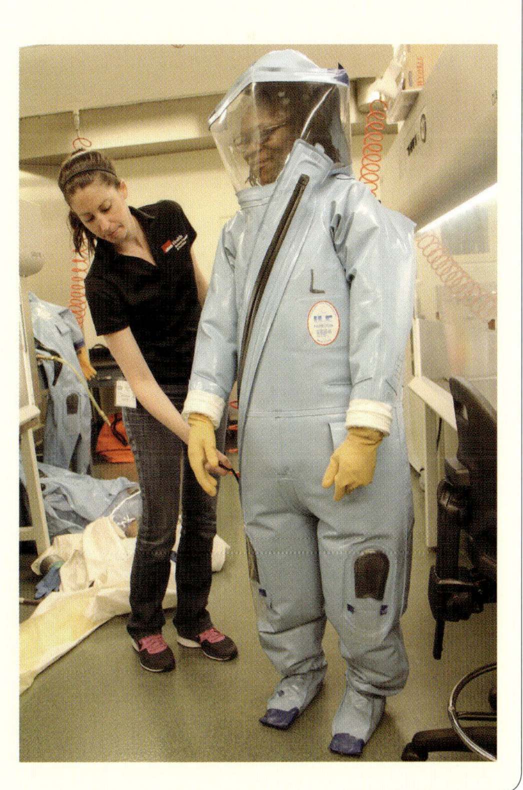

●（上）レベル2以上の実験室で使う実験用の生物学用安全キャビネット。このキャビネットにもランクがあり、レベル4では密閉度の高いものを使用。
●（右）レベル4の実験室で着用する作業用の防護服。微生物などの侵入を防ぐため、服内は加圧されている。
（写真提供：FDA）

●国際バイオハザード警告マーク。有害なウイルスや細菌が外部に漏れて起こす災害をバイオハザード（生物による災害）という。実験室の扉には危険を警告するバイオハザードのマークが必要。

ウイルスや細菌の研究施設は、ウイルスなどの漏出を防いだり、研究者が感染事故を起こさないように厳重に管理されているんだ。

●アメリカ食品医薬品局（FDA）のバイオセーフティレベルの高い研究施設で、食材に含まれる危険な病原体を調べる微生物学者。病原体の漏出を防ぐセキュリティ対策は万全でなければならない。

（写真提供：FDA）

改定は「研究所内の病原体をバイオテロに使わせない」という視点から、バイオセキュリティとバイオセーフティに重点をおいてなされました。

バイオセキュリティとは、「病原体等の紛失、盗難、不正使用、意図的放出を防ぐための枠組み」であり、バイオセーフティ（生物学的安全性）とは、研究所内での病原体の取り扱いなど、「バイオハザード防止のために行う対策」のことです。

BSLの１～４に対応する実験室のレベルを定めたうえで、「実験室の使用目的」「実験手技及び運用」「実験室の安全機器」についても定めました。

レベルが上がるにしたがって使用目的は限定され、実験手技も複雑となり、安全機器も厳重になっていきます。これにより病原体の混在、行方不明、実験室外への流出という事故も未然に防ぐことができるようになったのです。

CIAが河岡教授の人工合成ウイルスを危険視

CIAエージェントの訪問

生物兵器研究でバイオテロの恐ろしさを知っているアメリカは、世界で最もバイオテロに警戒感を募らせている国です。このため河岡義裕教授のグループが1999年にアメリカで、インフルエンザウイルスの人工合成に成功したときにも敏感に反応しました。なんとCIA(アメリカ中央情報局)の女性エージェントが、教授に接触してきたのです。

エージェントは「教授以外のグループでインフルエンザウイルスの人工合成ができるグループ」の有無を質問し、教授たちの編み出した人工合成技術が生物兵器製造に転用される危険性への懸念も示しました。

アメリカで起こったバイオテロ

それから2年後の2001年、アメリカで実際のバイオテロとして炭疽菌事件が起こります。テレビ局や新聞社、上院議員らに炭疽菌入りの封筒が配達され、5名が感染して死亡、17名が負傷したのです。

恐れていたバイオテロの発生は、アメリカの治安維持当局に深刻な危機感を抱かせ、その結果、アメリカでの微生物研究の規制は年々厳しくなっているようです。

また、バイオテロに対する訓練も全米で行われるようになっています。

●バイオテロ対策で使用される汚染除去テント。
(写真提供：Lee Cannon)

●アメリカ陸軍によるバイオテロに対する訓練。
(写真提供：U.S. Army Garrison Yongsan Fire Department)

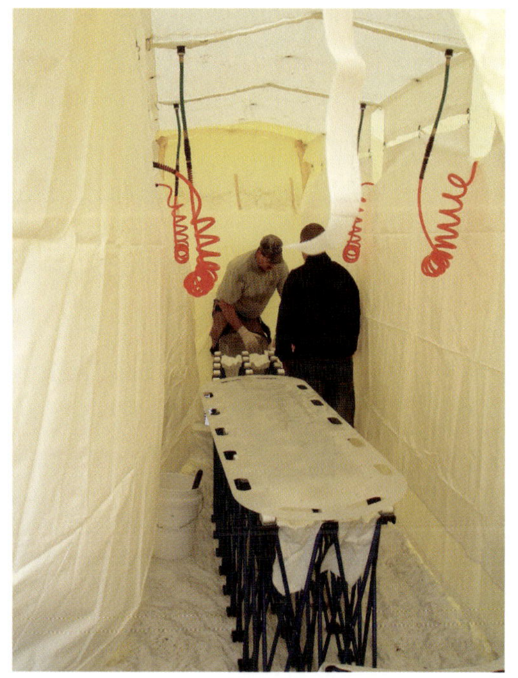

●汚染除去テントの内部では、ストレッチャーで運ばれた感染患者の手当てを行う。
(写真提供：Lee Cannon)

日本のパンデミック対策

■インフルエンザの監視体制

パンデミックを起こす恐れのある新型インフルエンザを、日本では「新興・再興感染症」の重要疾患と位置づけ、爆発的な感染拡大に直面したときの国としての行動指針を「新型インフルエンザ等対策ガイドライン」として定めています。

厚生労働省が作成した同ガイドラインは、「新型インフルエンザ等政府行動計画」を踏まえ、各分野での対策の具体的内容や実施法、関係者が果たすべき役割の分担などが示されています。あらかじめ対応をマニュアル化しておくことで、実際の場面での混乱を少しでも抑える狙いがあります。

ガイドラインの第一のポイントは、サーベイランスについてです。サーベイランスとは「監視」もしくは「情報収集」です。状況を客観的かつ科学的に分析し、結果を対策とともにスピーディに現場に伝達します。サーベイランスは、次の3つからなっています。

❶ 平時から継続して行うサーベイランス
❷ 新型インフルエンザ発生時に追加するサーベイランス
❸ 新型インフルエンザ発生時に強化するサーベイランス

❶で「平時」とあるようにサーベイランスは、新型インフルエンザ発生とは関係なく、毎年行われています。インフルエンザ患者数、インフルエンザウイルスの種類、入院患者数、学校・地域におけるインフルエンザの状況などのデータの詳細が収集されます。

新型インフルエンザの発生当初は患者数が少なく、季節性インフルエンザとの区別が難しいという問題があります。このため普段から情報を集め、新型インフルエンザの特徴を割り出し、精密検査などにより早期に患者を見つけ出し、感染拡大を防ぎます。

これらの情報はすべて医療機関・保健所・学校などによって都道府県にあげられます。さらに都道府県から厚生労働省に送られ、国立感染症研究所も加わって分析が行われ、同省での対策構築を経て都道府県に戻されます。

■インフルエンザが発生したら

新型インフルエンザが発生すると、サーベイランスが強化されます。

国内での新型インフルエンザの状況を正確に知るための患者数の把握、集団感染や集団発生を防ぐための学校への監視強化、ウイルスの種類の特定など「平時」にも行っていたことが強化されると同時に、積極的疫学調査、新型インフルエンザによる死亡者・重傷患者数の把握などが行われます。

積極的疫学調査は、感染経路、重症患者の状況と基礎疾患の関係など、事細かな情報をできうる限り集め、地域ごとの感染状況や感染力の差異について、正確な情報を得るためになされます。

これらも「平時」と同様の流れを経て、厚生労働省に送られ、最終的に都道府県に戻されます。

発生早期から、ウイルスの突然変異も監視対象となっており、遺伝子解析などにより異変が発見されたときは、直ちに厚生労働省に情報をあげることになっています。

なお、新型インフルエンザ発生時には、報道発表も随時なされます。

常に情報収集することが大切なんだ。

新型インフルエンザのサーベイランス

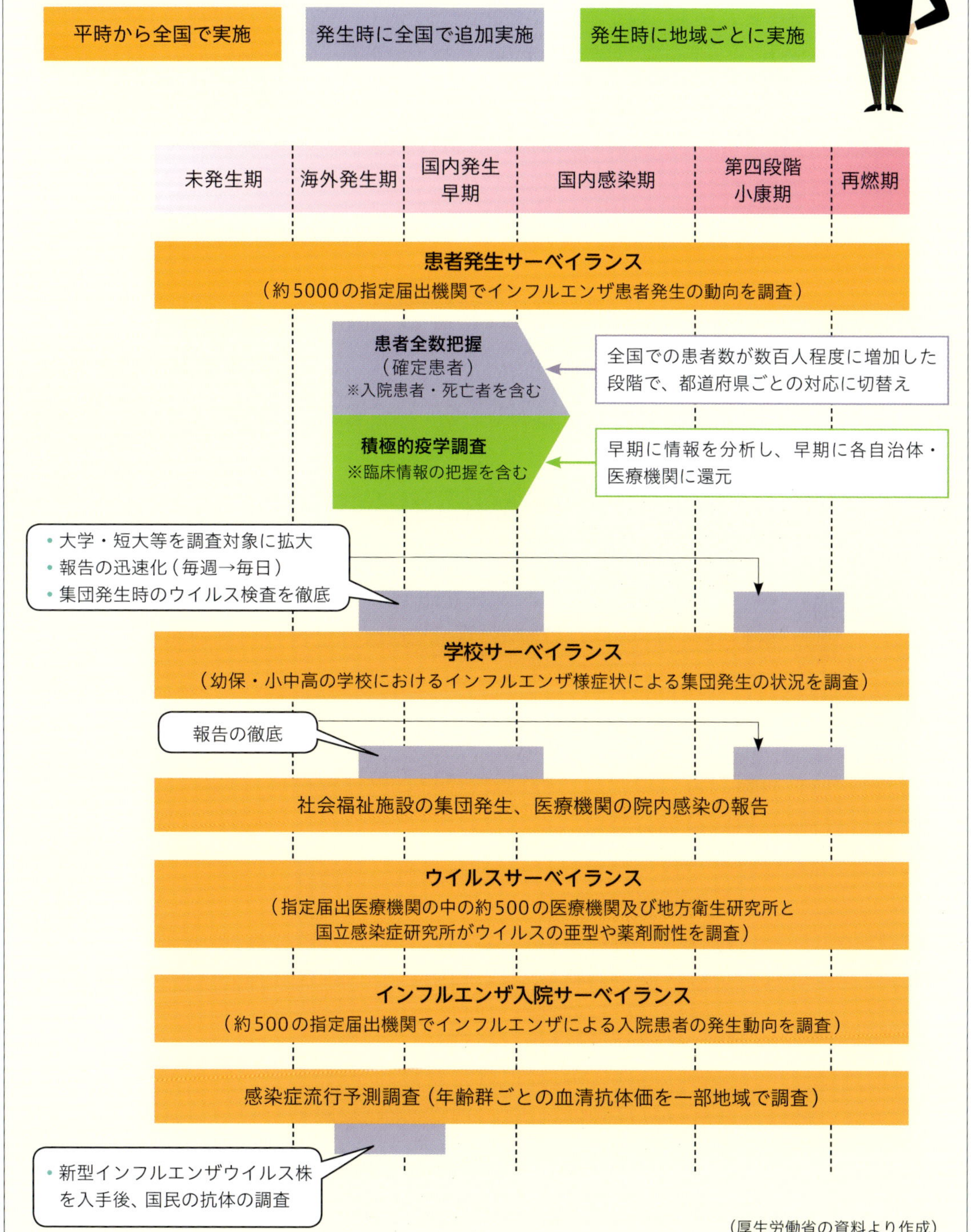

凡例：平時から全国で実施／発生時に全国で追加実施／発生時に地域ごとに実施

時期：未発生期／海外発生期／国内発生早期／国内感染期／第四段階小康期／再燃期

患者発生サーベイランス
（約5000の指定届出機関でインフルエンザ患者発生の動向を調査）

患者全数把握
（確定患者）
※入院患者・死亡者を含む
← 全国での患者数が数百人程度に増加した段階で、都道府県ごとの対応に切替え

積極的疫学調査
※臨床情報の把握を含む
← 早期に情報を分析し、早期に各自治体・医療機関に還元

- 大学・短大等を調査対象に拡大
- 報告の迅速化（毎週→毎日）
- 集団発生時のウイルス検査を徹底

学校サーベイランス
（幼保・小中高の学校におけるインフルエンザ様症状による集団発生の状況を調査）

報告の徹底

社会福祉施設の集団発生、医療機関の院内感染の報告

ウイルスサーベイランス
（指定届出医療機関の中の約500の医療機関及び地方衛生研究所と国立感染症研究所がウイルスの亜型や薬剤耐性を調査）

インフルエンザ入院サーベイランス
（約500の指定届出機関でインフルエンザによる入院患者の発生動向を調査）

感染症流行予測調査（年齢群ごとの血清抗体価を一部地域で調査）

- 新型インフルエンザウイルス株を入手後、国民の抗体の調査

（厚生労働省の資料より作成）

水際作戦とまん延防止対策

■水際作戦の効果と限界

海外で新型インフルエンザなどの感染拡大が懸念される緊急事態PHEIC（WHOが認定し、各国が対応→p. 108）が発生すると、日本では内閣総理大臣とすべての国務大臣からなる対策本部が設置され、対応にあたります。このとき初動として、厚生労働省が作成した「新型インフルエンザ等対策ガイドライン」の中の「水際対策に関するガイドライン」に沿って、病原体の国内侵入を防ぐ措置がとられます。

これは「国内での感染まん延をできるだけ遅らせ、その間に医療体制や検査体制等を整え」かつ「海外から日本への帰国を希望する邦人の支援」をする目的で、次の4つが実施されます。

❶ 在外邦人への感染症危険情報の提供

4段階のレベルで発信されます。

レベル1「十分注意してください」
レベル2「不要不急の渡航はやめてください」
レベル3「渡航はやめてください」
レベル4「退避してください。渡航はやめてください」

このほかに「出国できなくなる恐れ」「現地で十分な医療を受けられなくなる恐れ」な

●2009年5月4日。成田空港に到着したアメリカン航空機に乗っていた日本人女性に新型インフルエンザウイルスの陽性反応が出たため、同機に乗り込む検疫官。日本へのウイルス侵入を防ぐ空港における水際作戦。
（写真提供：共同通信イメージズ）

ど注意事項が付記されます。

❷ 入国する人の隔離・停留・健康監視などによる検疫の強化

中心となるのは検疫所で、これを入国管理局と税関がサポートします。

また、検疫強化によって派生するさまざまな混乱や不測の事態に対応するため、海上保安庁・防衛省・都道府県警察などが警戒に当たり、国土交通省が空港使用時間の延長を調整し、検疫をバックアップします。

❸ 検疫を行う空港や港湾の集約化

海外との窓口を限定することで病原体の国内流入を防ぐために行われます。

❹ 船舶や航空機の運航自粛要請

感染症発生地域からの来航自体を止める目的でなされます。

なお、発生国側の事情により定期便が運航停止となり、在外邦人が発生地域に取り残されてしまった場合には、民間航空機のチャーター、政府専用機や自衛隊航空機・艦船の派遣などが検討されます。

しかし、水際対策はあくまでその場しのぎ的措置なので限界があります。

■まん延防止対策の有効性

その限界を超えるためガイドラインでは、海外から持ち込まれた病原体による感染が始まった場合や、国内発生の感染拡大を防止するための「まん延防止に関するガイドライン」も定めてあります。

これは流行のピークをできるだけ遅らせている間に医療体制を強化し、ピーク時に発生する患者数を減らすことで、国民生活・国民経済に及ぼす影響を最小限に抑えようとするものです。

この措置では、商業活動や個人の自由よりも、感染まん延の阻止に重きがおかれるため、コンサートやプロ野球の中止、巨大ショッピングセンターの閉鎖なども実行されます。新型インフルエンザのように、流行初期に有効なワクチンや予防接種が期待できないケースでは、まん延防止が最も有効な対応策だからです。

実際に、2009年の新型インフルエンザの世界的流行時には、小中学校の臨時休校や、満員電車を減らす時差通勤など、感染者との接触を最小限に抑える対策が実施されたため、日本だけが新型インフルエンザ感染のピークを約1か月遅らせることに成功しました。この時間稼ぎにより、当時の「発熱相談センター（現在の帰国者・接触者相談センター）」や「発熱外来（現在の帰国者・接触者外来）」といった新型インフルエンザ対応部署の設置が感染ピーク時に間に合い、感染者数を減らすことができたのです。

ウイルスの侵入を完全に防ぐことはできない。国内の感染まん延を防ぐ対策がパンデミックには重要なんだ。

ワクチンの接種と供給体制

新型インフルエンザなどの重篤な感染症に対しては、まん延防止策の実施と並行して、ワクチン接種によって患者数を減らしていくことが不可欠です。しかし、ワクチンの開発には相応の時間がかかりますし、量にも限りがあります。といってワクチンがなければ、感染によって膨大な人命が失われ、社会・経済は大きなダメージを受けてしまいます。

ワクチンをいかに国民に供給するか、「新型インフルエンザ等対策ガイドライン」の中の「予防接種に関するガイドライン」で効果的なワクチン接種について定めています。

■ワクチンは2種類

新型インフルエンザに対するワクチンとしては、**パンデミックワクチン**と**プレパンデミックワクチン**の2種類があります。

パンデミックワクチンは新型インフルエンザ発生後、そのウイルスをもとに製造されます。これに対してプレパンデミックワクチンは、新型インフルエンザ発生前の段階で、パンデミックを引き起こす可能性のあるウイルスをもとに製造されたワクチンをいいます。日本ではH5N1亜型のインフルエンザウイルスをもとに4種類のワクチンが一定数製造され、備蓄されています。

■特定の集団にまず接種

新型インフルエンザが発生すると、まずプレパンデミックワクチンは「**特定接種**」のために提供されます。特定接種とは「医療の提供並びに国民生活及び国民経済の安定を確保するため」に行われる臨時の予防接種のことであり、対象となるのは、上記の5つのグループです。

特定接種の対象者

❶医療提供の業務に当たっている医療関係者

❷国民生活と国民経済の安定に携わる事業者のうち、厚生労働大臣の登録を受けた登録業者に属する業務従事者(登録対象者)

介護福祉関連、銀行、鉄道、郵便、食品小売りなど流通、情報伝達、社会インフラに関する多くの業者が登録されています。

❸新型インフルエンザ対策に携わる国家公務員と同地方公務員

❹新型インフルエンザ発生に関わりなく、国民の緊急の生命保護や秩序の維持、国家の危機管理に関する職務に携わる者

防衛省職員、警察官、消防官など。

❺民間の登録対象者と同様の職務に携わる者

特定接種の人々にプレパンデミックワクチンを投与することにより、たとえ新型インフルエンザのピーク時であっても、国民生活と経済が円滑に機能し、社会的混乱も最小限に抑えることができるのです。

パンデミックワクチンは、新型インフルエンザ発生後、ワクチン製造ウイルス株を決定してから6か月以内での製造をめざし、完成したら全国民が接種します。

ワクチンの接種回数については、プレパンデミックワクチン、パンデミックワクチンとも原則2回となっています。

■ワクチンの備蓄と供給

ワクチン接種によって新型インフルエンザ

パンデミックワクチン
は常備できないし、製造
にも時間がかかるため、
製造方法の改良が考えら
れているんだ。

プレパンデミックワクチン	パンデミックワクチン
新型インフルエンザ発生前に製造	新型インフルエンザ発生後に製造開始
新型インフルエンザ発生直後から接種開始	新型インフルエンザ発生半年後を目途に接種開始
接種は特定接種対象者	特定接種対象者以外の全国民
実施主体は都道府県	実施主体は市町村
接種方法は集団接種	接種方法は集団接種

の感染拡大を防ぐには、ワクチンの備蓄と供給体制が整っていなければなりません。このため「新型インフルエンザ等対策ガイドライン」では、プレパンデミックワクチンおよびパンデミックワクチンの備蓄と供給についても規定をしています。

常に備蓄されているのはプレパンデミックワクチン。これはパンデミック発生直後、「特定接種」対象者に使うワクチンであり、スピーディに供給できるよう一部が製剤化（製品化）されて蓄えられています。

新型インフルエンザが発生すると、厚生労働省ではプレパンデミックワクチンの効果が見込まれる場合は、あらかじめ製剤化してある当該ワクチンを「特定接種」に使用するよう医療機関に通達します。並行してワクチン製造販売業者に製剤化が依頼され、プレパンデミックワクチンの接種が始まります。

ほぼ同時に、パンデミックワクチンの製造が厚生労働省・国立感染症研究所・国内のワクチン製造販売業者の三者連携によってはじまります。

具体的には国立感染症研究所が、WHOや世界各国の研究機関および日本国内のワクチン製造販売業者とともにワクチン株をつくり、厚生労働省が新型インフルエンザウイルスの所持・保管にかかわる感染症法第56条の24に基づき、ワクチンの製造を法的にバックアップすることになります。

プレパンデミックワクチンおよびパンデミックワクチンの流通に関しては、厚生労働省がワクチン製造販売業者・販売業者・卸業者の三者を通じて行います。

- 「国民に平等に行きわたる」
- 「不要在庫を発生させない」

という2つの視点から必要量を試算し、この結果をもとに供給計画が立てられます。最終的に業者が保健所・保健センター・医療機関・学校などの接種場所に納入して、パンデミック以後の接種が行われるのです。

感染拡大を防ぐ医療体制

■ガイドラインと医療体制

新型インフルエンザなどのパンデミックに対応するうえで、医療体制の充実は不可欠です。このため「新型インフルエンザ等対策ガイドライン」でも細かく規定されています。

ガイドラインでは、まずパンデミックの未発生期から医療体制の整備を進めるように指示しています。特に保健所を中心として地域での医療体制の確立、病院での診療体制の構築、自治体レベルでの検査力の強化などが規定されています。

■感染初期はまん延を防ぐ

パンデミックが発生した場合、医療体制は「海外発生期から地域発生早期における医療体制」へと移行します。ここで最初にイニシアチブを発揮するのは、都道府県の保健所などに設置された「**帰国者・接触者相談センター**」と感染症指定医療機関に設置された「**帰国者・接触者外来**」です。

このセンターや外来が対象とするのは、新型インフルエンザなどの発生国からの帰国者や、現地で感染者と濃厚に接触し、かつ、発熱や呼吸器に何らかの異変がある人です。こうした人たちは新型インフルエンザに感染している可能性が高いため、一般の病院で受診すれば集団感染を引き起こしかねません。

そこでこれらの人たちを一般の人たちと接触させないため、相談センターから特別な外来へと誘導するのです。つまり、感染の可能性を有する人たちを集約することでまん延を遅らせ、その間に医療体制を本格化させる狙いがあるのです。

迎える医療機関では細心の注意を払って患者を受け入れます。まず、医師や看護師はマスクや手袋などで厳重に感染対策をし、受診者と他の患者が接触することのないようにします。

具体的には、

- **入口を他の患者と分ける**
- **受付窓口を他の患者と分ける**
- **受診・検査待ちの区域を他の患者と分ける**

などといったことが行われます。

診察の結果、陰性とわかれば適切な医療情報を与えて帰宅させますが、陽性反応が出たら都道府県と協力して感染者を感染症指定医療機関などに入院させます。実際に入院するまでの移動・待機の最中にも、他の患者と接触しないよう注意が払われます。

■地域感染期の対応

地域での感染が目立つようになると、医療体制は「地域感染期における医療体制」へと移行し、一般医療機関において新型インフルエンザなどの感染者の診療が始まります。

ここでは特に院内感染の防止に注意が払われ、新型インフルエンザなどの感染者と他の患者の受診エリアを分けるなどの処置がとられます。また、医療体制を維持するのに相応の人員確保が不可欠であることから、医師・看護師のワクチン接種やマスク・ガウンでの個人防護が徹底されます。

さらに患者数が大幅に増加しても対応できるようにするため、重症者は入院、症状の軽度な患者は在宅療養などの振り分けがなされ、医療体制が最大限に維持されるようになっています。

少しでも感染が広がらないようにしているのね。

ガイドラインに基づく感染初期の医療体制

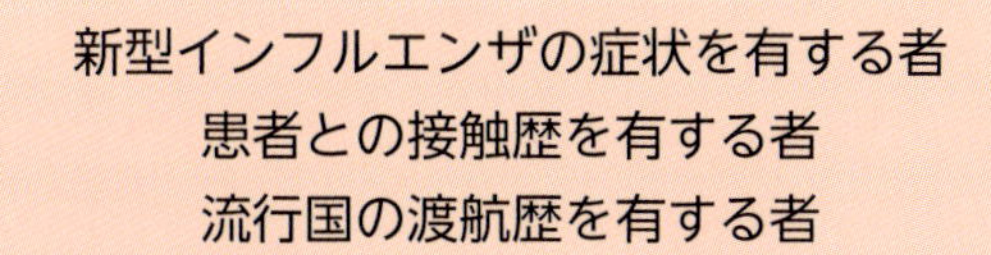

新型インフルエンザの症状を有する者
患者との接触歴を有する者
流行国の渡航歴を有する者

検疫所

新型インフルエンザの疑いあり

診療所、
感染症指定医療
機関以外の病院

新型インフルエンザの疑いあり

帰国者・接触者
相談センター
（都道府県が設置）

帰国者・接触者
外来＊

感染症指定医療機関

一類感染症、二類感染症、新型インフルエンザおよび
新感染症の患者を入院させるための病床を持つ医療機関

新型インフルエンザ（陽性）

新型インフルエンザ（陰性）

入院措置

一般病院への入院または自宅療養

＊帰国者・接触者外来は、インフルエンザ患者とそれ以外の患者を振り分け、インフルエンザ患者には入院措置をとる。感染が拡大した地域感染期には活動を中止し、以降は一般の医療機関が診療を行い、インフルエンザ重症患者は入院、軽症患者は自宅療養の措置がとられる。

新型インフルエンザへの対応①

■成人にも重症患者が発生

2009年から翌年にかけて大流行した新型インフルエンザでは小児が患者の大半を占めました。しかし、少数ながら成人の重篤患者も報告されました。一方、2013年に中国で発生した鳥インフルエンザH7N9亜型のヒト感染では、それ以前とは比較にならないほど多くの成人患者が発生しました。多くは重症肺炎や急性呼吸促拍症候群（ARDS：Acute Respiratory Distress Syndrome）を発症し、抗ウイルス薬（抗インフルエンザ薬）を投与して治療を進めたにもかかわらず、致死率は約40%という高いものでした。

こうした経緯により、成人の感染者に対する新型インフルエンザ治療のガイドラインが必要とされ、日本では2009年の新型インフルエンザの治療をもとに、今後パンデミックを引き起こす可能性のある鳥インフルエンザを想定して2014年に「成人の新型インフルエンザ治療ガイドライン」が策定されました。新型インフルエンザ発生時、軽症から重症までの成人向けの治療方針が示されています。

■重症度を分けて治療

ガイドラインではまず、患者の症状からインフルエンザの重症度を分類することからはじまり、「入院させるか」「外来治療が可能か」を判断します。

入院が必要な患者を「A群」に、外来治療が可能な患者は「B群」に分類します。さらにA群は重症度でA-1群とA-2群に分けられます。

A-1群に分類されるのは、人工呼吸管理など全身管理が必要、肺炎・気道感染による呼吸状態の悪化、心不全や多臓器不全の併発、意識障害、著しい脱水症状で全身管理が必要など、生命の危険が迫っている場合です。

A-2群に分類されるのは、医師が「現状では生命の危険は差し迫っていないが、時間の経過とともに合併症によって重篤化する」と判断した患者です。ここで判断基準として重視されるのが肺炎であり、肺炎を合併しているか、いないかで治療法が変わります。

患者への対処法は、ガイドラインの各項目に肺炎が合併する場合など、それぞれの治療法が示され、医療機関ではこの方針に則って患者の治療にあたります。

■症状別の治療方法

ガイドラインに示されている治療法は、簡単に紹介すると次のようになります。

肺炎合併のない場合は、抗ウイルス薬（ノイラミニダーゼ阻害薬）をできるだけ早期に投与することが重要です。

肺炎を合併する場合でも、呼吸不全が軽度であれば、抗ウイルス薬の投与が適応になります。呼吸不全がみられ、吸入や内服が困難であれば点滴薬を静注します。肺炎が重症な場合は、副腎皮質ステロイド薬などの抗炎症薬が使われることもありますが、有効性で意見が分かれ、適用は慎重さが求められます。

細菌性肺炎を合併した場合は、抗菌薬が投与されます。

肺炎による呼吸不全を起こした場合は、酸素投与を行います。フェイスマスクによる高濃度酸素療法や、気管挿管下での人工呼吸療法が基本となります。

意識障害があり、インフルエンザ脳症が疑われる場合は、成人の症例が少ないため、小児の場合のガイドラインを参考に治療を進めることになります。

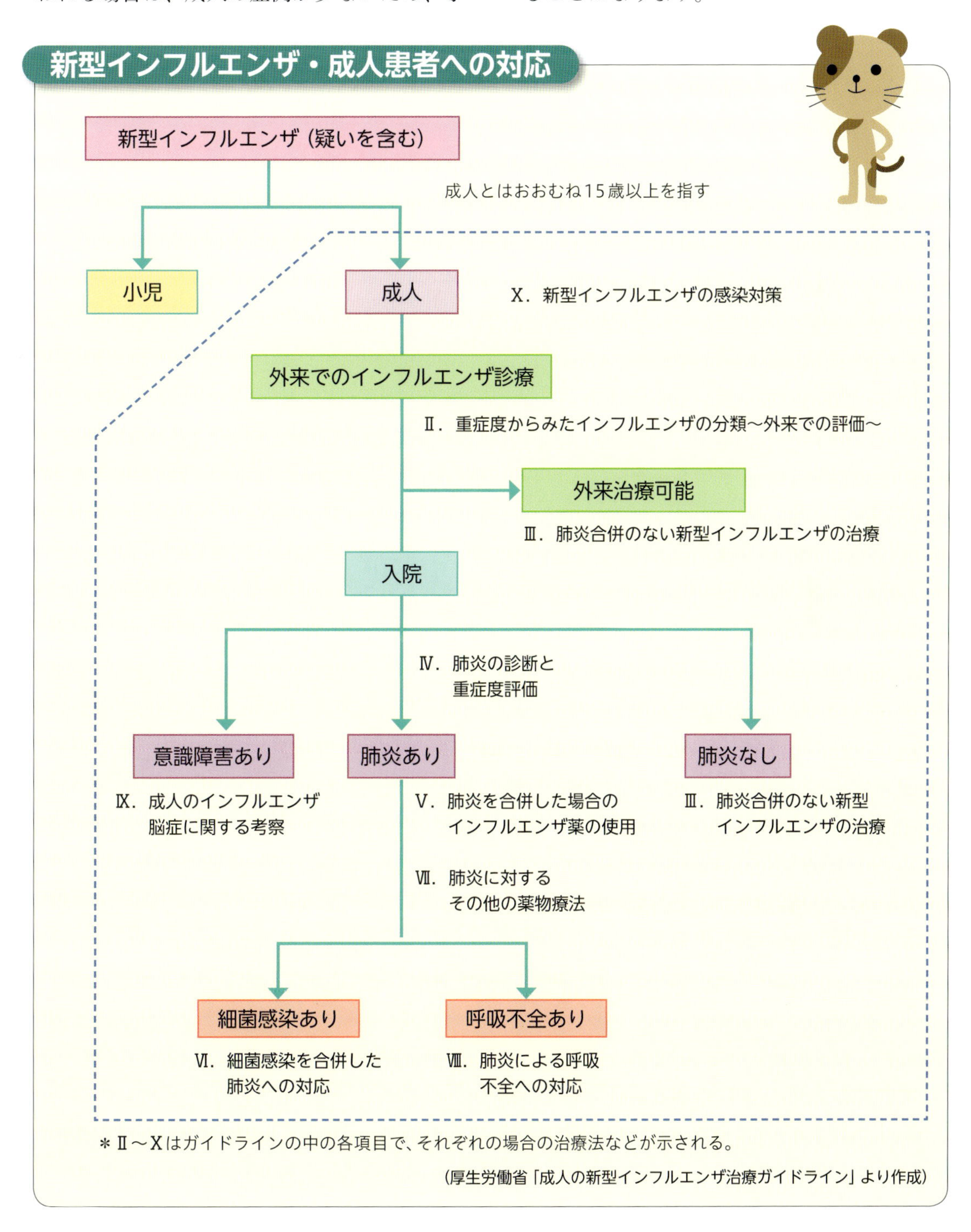

新型インフルエンザへの対応②

■重症化を防ぐ対応が重要

2009年の新型インフルエンザでは、感染者の大半が15歳未満の小児でした。約1万4000人がウイルスに感染して入院し、そのなかの約1万人に肺炎の症状が出ました。

この新型インフルエンザのやっかいなところは、症状の出始めは季節性のインフルエンザと見分けがつかない点です。小児は体力がないだけに、「気がついたら重症化していた」ということになりかねません。小児に対しては、成人以上に細やかな対策が必要になるわけです。

ここでいう重症化とは、急性脳症や重症肺炎などの合併症を起こすことです。

このうち急性脳症は特に怖く、意識障害・けいれん・異常な言動という症状が現れます。インフルエンザ脳症に対しては初期対応のガイドラインが定められていて、初期診療をしたあと、必要に応じてより専門性の高い医療機関を受診することとされています。初期対応のフローチャートを示します。

■季節ごとの予防接種が効果的

小児の新型インフルエンザ感染を防ぐうえで、望ましいとされるのが、季節性インフルエンザの予防接種です。新型と季節性はウイルスが異なるので感染を完全に予防することはできません。しかし、重症化のリスクが減る効果は期待されています。特に先天的に呼吸器疾患や糖尿病などの持病をもっている小児は重症化しやすいので、積極的に予防接種を受けておくべきです。

■親の症状チェックも大切

小児に対しては、親が注意すべきことがあります。高校生くらいなら自分自身で体調の

子供の場合は、親がしっかり症状をチェックして早く医者にみせることが大切！

新型インフルエンザの症状チェック（小児用）

1つでも症状が見られたら、医療施設を受診してください。

□手足が突っ張る、がくがくする、眼が上を向くなどのけいれん症状がある。
□ぼんやりとしていて視線があわない、呼びかけに答えない、眠ってばかりいるなど、意識障害の症状がある。
□意味不明なことをいう。走りまわるなど、いつもと違う異常な言動がある。
□顔色が悪い（土気色、青白い）、唇が紫色をしている（チアノーゼ）。
□呼吸が速く、1分のあいだに60回以上もする。息苦しそうにしている。
□肩で呼吸をする、ゼーゼーするなど、からだ全体で呼吸をしている。
□「胸が痛い」「息が苦しい」などと訴える。
□水分摂取ができず、おしっこが半日以上出ない。
□下痢・嘔吐が多い。
□ぐったりとして元気がない。

変化がわかりますが、学校就学前の幼児では「なんだか元気がない」というだけで症状をうまく伝えられません。新型インフルエンザにかかると全身症状が強く出るので、子どもに高熱・倦怠感・食欲不振・頭痛・関節痛などが見られたら、新型インフルエンザ感染を疑ってよいと思われます。p.124に示した新型インフルエンザの症状チェックを参考にしてください。

新型インフルエンザの集団感染は、なんとしても避けなければなりません。子どもに疑わしい症状が出たときは、学校や幼稚園を休ませると同時に、1日も早く医療機関で診察を受けましょう。学校・幼稚園での集団感染を防ぐ意味でも、症状が完全に治まるまでは登校などは控えます。

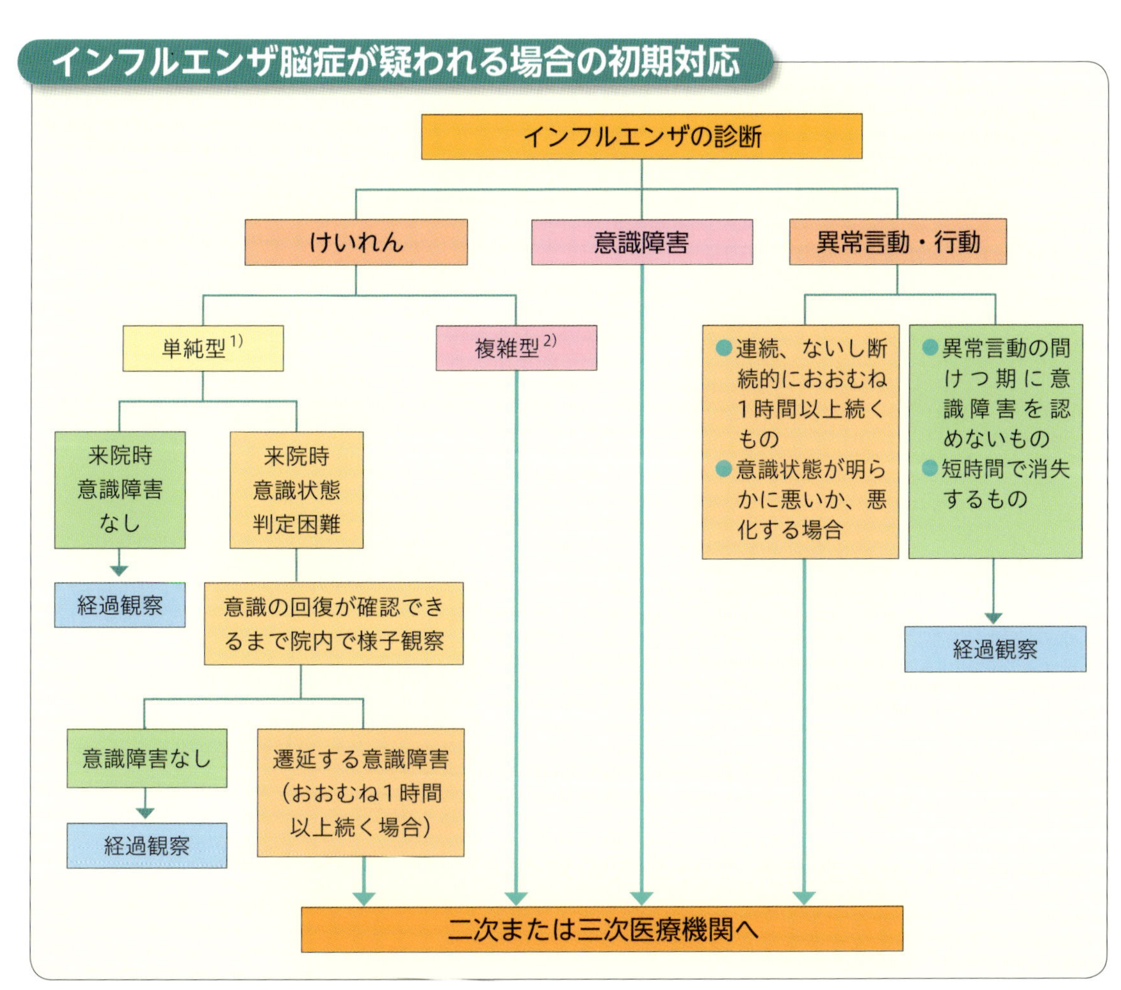

1) 単純型とは…①持続時間が15分以内　②繰り返しのないもの　③左右対称のけいれん
ただし、けいれんに異常言動・行動が合併する場合には単純型でも二次または三次医療機関に紹介する。

2) 複雑型とは…単純型以外のもの
インフルエンザに伴う複雑型熱性けいれんについては、脳症との鑑別はしばしば困難なことがある。

（インフルエンザ脳症ガイドラインより作成）

■治療は早期の抗ウイルス薬の投与

小児の治療には、オセルタミビル(商品名タミフル)とザナミビル(商品名リレンザ)、ラニナミビル（商品名イナビル）という3つの抗ウイルス薬（抗インフルエンザ薬）が使われます。これらの薬は、できるだけ早期に投与すべきとされています。気道などの炎症を抑えるために抗炎症薬を用いる場合もあります。

症状が重かったり、乳幼児などで吸入や内服が困難な場合は、点滴薬のペラミビル（商品名ラピアクタ）が静脈に注入されます。

■タミフルの特徴と使い方

抗インフルエンザ薬として効果が認められているタミフルとリレンザですが、使い方には注意も必要です。

内服薬のタミフルは、体内のインフルエンザウイルスが新しい細胞に感染できないようにして、ウイルスの増殖を抑える薬です。

この作用により新型インフルエンザに感染したとしても、重症化を防ぐことができ、かつ、症状の続く期間が短縮されます。通常、発熱から解熱まで1週間ほどかかるのですが、タミフルを服用することにより、早く熱が下がり、回復も早まるのです。

ただし、タミフルも万能というわけでなく、いくつかの課題があります。十分に効果を発揮するには、症状が出てから2日以内に投与した場合に限られます。

1歳未満の乳児や妊婦、授乳婦に対しても、日本小児感染症学会や日本産科婦人科学会によって投与が推奨されています。

また、タミフルを服用した青少年が異常行動を起こし、事故で死亡するケースが報告され、タミフルの安全性に疑問が出たため、厚生労働省は10代への投与を原則中止としています。ただし同省は「タミフルと異常行動の因果関係は明確でなく、タミフルの服用で異常行動の発生頻度が高くなるとはいえない」という見解も示しています。インフルエンザに伴う異常行動は、タミフル服用の有無にかかわらず発生しています。高熱による幻覚やインフルエンザ脳症による意識障害なども原因と考えられます。インフルエンザでは自宅療養をする場合もあるので、患者が青少年の場合には、タミフルの使用とは関係なく注意が必要です。

■リレンザなどの特徴と使い方

次にリレンザについてです。この薬も作用はタミフルと同様で、インフルエンザウイルスの体内での増殖を抑えます。

こちらは吸入薬で、口から薬剤粉末を吸い込むスタイルのため、薬を上手に体内にとりこむには少々慣れがいります。タミフルより処方件数が少ないのも、初心者が吸い込むとむせてしまうことが多いためでしょう。

ただし、うまく吸い込むことができれば、濃度の高い薬剤が直にのどや鼻腔などの粘膜に届くため、呼吸器で増殖しているインフルエンザウイルスに直接作用し、高い薬効を得ることができます。

イナビルはリレンザと同じ吸入薬で、作用や効果、使い方も同じです。

リレンザもイナビルも、タミフル同様、発症から2日以内の投与がベストです。

第5章

感染を防ぐ
ひとりひとりの防衛策

新型インフルエンザが発生したら

■正しい情報をすばやく入手

新型インフルエンザによるパンデミックが発生したとき、最も警戒しなければならないのは、根拠のないデマに惑わされてパニックに陥ることです。過去にも大地震や感染症パンデミックが起こったとき、誤った情報によって誤った対応をしたことで、深刻な二次災害がもたらしたことがありました。何はともあれ正確な情報を集めることが大事です。

一般の人たちの情報源となるのは、テレビ・新聞などのメディアでしょう。しかし、感染ピーク時には、メディアが正常に機能していない可能性もあります。感染者増加により業界全体が深刻な人手不足になっているかもしれないのです。印刷や物流関連が麻痺すれば、新聞を刷ることも届けることもできません。

また、メディアが正常に機能していたとしても、ニュースなどの情報は断片的であって全体像をつかみにくい欠点があります。ここに憶測の紛れ込む余地が生じ、混乱の要因となるのです。

新型インフルエンザによるパンデミックが起こった際に有効なのは、パソコンやスマートフォンを使ったインターネットによる情報収集です。信頼できる情報源にアクセスするのが、最も確かな情報入手の方法です。情報の入手先一覧を左下に紹介しますので、参考にしてください。

情報入手先のURL一覧

- 厚生労働省
  http://www.mhlw.go.jp
- 厚生労働省検疫所
  http://www.forth.go.jp
- 国立感染症研究所感染症情報センター・鳥インフルエンザ
  http://idsc.nih.go.jp/disease/avian_influenza/
- 国立感染症研究所感染症情報センター・インフルエンザ
  http://idsc.nih.go.jp/disease/influenza/
- 国立感染症研究所感染症情報センター・インフルエンザパンデミックに関するQ&A
  http://idsc.nih.go.jp/disease/influenza/pandemic/QAindex.html

■まん延防止のための行動制限

人から人へと感染する新型インフルエンザ。これは人の移動に伴って感染が拡大することを意味します。感染者がウイルスを放出し、それを吸引した人が新たな感染源となっていきます。こうした悪循環を防止するには、人々の行動を制限する必要があります。

感染がまん延している地域では、不特定多数の人たちが集まるのは避けるべきです。厚生労働省が定めている「新型インフルエンザ等対策ガイドライン」の中の「まん延防止に関するガイドライン」に則って、大規模な各種の集会やコンサート、イベンドなどは禁止されるでしょうが、規模の小さい集まりであったとしても出席や参加は見合わせるべきです。不要不急の外出は避けてください。

流行のピーク時には学校が休校を余儀なくされることもありますし、大型のショッピングセンターなども一時的閉鎖を命じられることでしょう。大いに不便や不安を感じると思いますが、新型インフルエンザのように流行初期に有効なワクチンが期待できないケースでは、感染まん延の防止が何よりも有効な対応策なのです（プレパンデミックワクチンは接種対象者が特定されています）。

■自宅待機や時差出勤でリスク減

企業の場合、組織ぐるみで対策を立てておくことが必要です。通勤電車内などは感染の危険性がきわめて高いため、企業によっては感染のピーク時には、社員の自宅待機や出勤制限を計画しているところもあります。電車通勤を避けて、人との接触が少ない自動車通勤に切り替える体制を立てている会社もあります。

また、従業員の大量感染による休業という最悪の事態を避けるため、感染がさほど切迫していない状況であっても、早朝出勤や時差通勤も積極的に採用し、リスク管理に努めているところもあります。

ワクチンの開発には時間がかかるんだね

ワクチンの接種はすぐにはできない

新型インフルエンザへの一番の対処法は新ワクチンの接種ですが、「パンデミックワクチン」の製造には、半年程度はかかります。流行初期はプレパンデミックワクチンが有効と考えられる場合は、その接種ということになりますが、このワクチンは、パンデミックを引き起こす可能性のあるウイルスをもとに製造されたワクチンです。ただし「特定接種」といって、限られた範囲の人のみが接種対象者となっており、一般の人が接種することはありません。対象者は、医療従事者、役所職員、警察官、自衛官、消防官、国民の安全やライフラインの維持に関わる業種の人などです（→p.118）

新型インフルエンザが流行しても、特定接種の対象者以外は、パンデミックワクチンが完成するのを待っていなくてはなりません。だからこそ、周囲の環境に注意して感染を防ぐようにする必要があります。

●新型インノルエンザが発生したら、不要不急の外出は避け、どうしても外出が必要な場合はマスクを着用。感染者との接触を減らすため、時差出勤などを心がける。
（写真提供：iStock）

インフルエンザの症状が出たら

■受診の前に発症例を確認

新型インフルエンザウイルスに感染すると、2～3日の潜伏期間を経て症状が現れてきます。発熱、筋肉・関節の痛み、全身の倦怠感など。やっかいなことに、これら初期症状は季節性のインフルエンザとほとんど変わりません。このため初期治療を怠って重症化させたり、周囲の人に感染させてしまうことが多いのです。

もっとも、異常を感じたらすぐに医療機関に飛び込めばよいというものでもありません。感染拡大期でない限り、一般の医療機関では感染予防の措置をとっていません。そうしたところに新型インフルエンザウイルスを持ち込んだら、医療機関の関係者はもちろん、別の病気で受診に訪れていた患者さんにも感染を広げてしまうからです。

新型インフルエンザの受診をするうえで大切なのは、まず周辺地域で新型インフルエンザの発症例があるかないかを確認することです。周辺地域で発症例があれば、かなりの確率で新型インフルエンザに感染しているといえます。

医療機関に連絡するタイミングは、発熱が生じたときです。「熱が出た」と感じたら、

新型インフルエンザに見られる症状

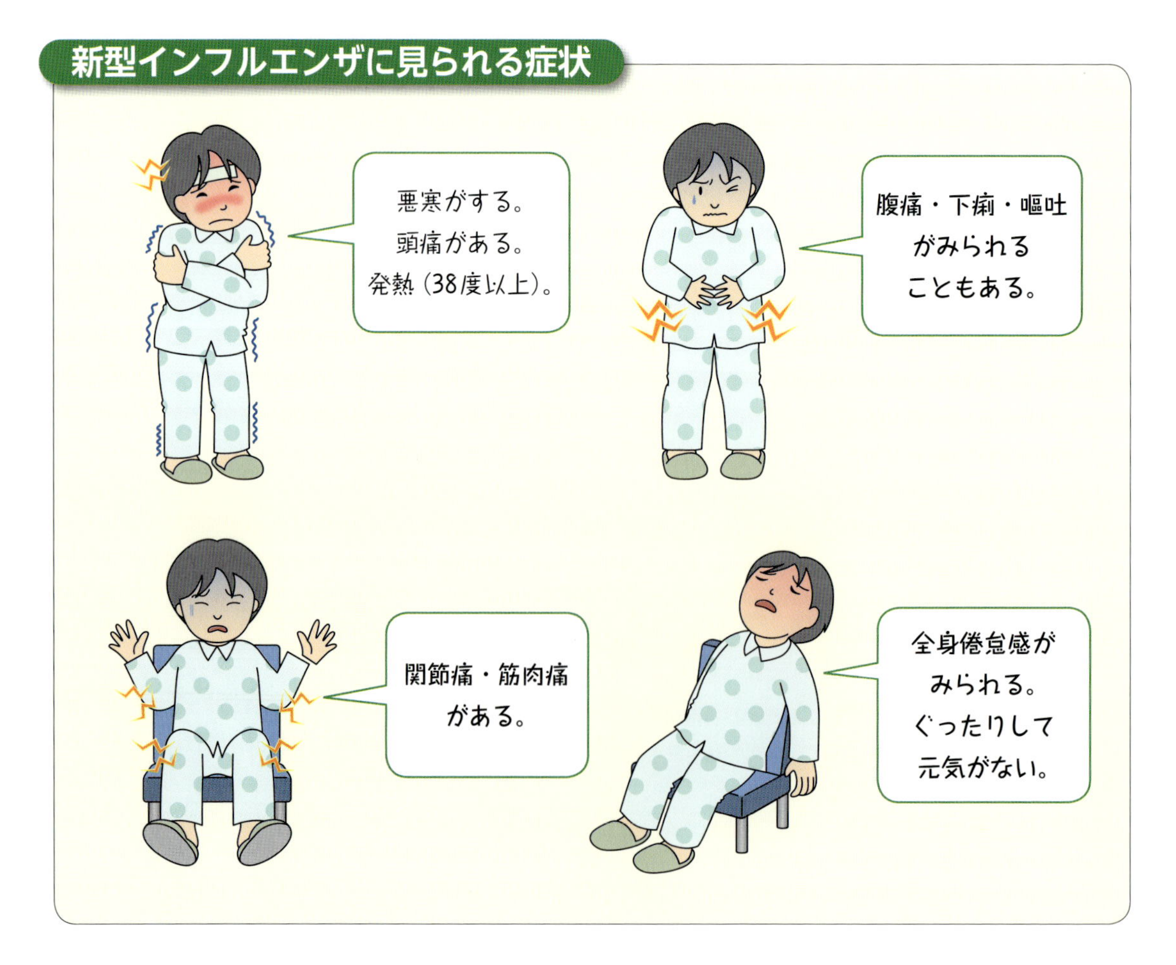

悪寒がする。
頭痛がある。
発熱（38度以上）。
腹痛・下痢・嘔吐
がみられる
こともある。
関節痛・筋肉痛
がある。
全身倦怠感が
みられる。
ぐったりして
元気がない。

すぐに連絡することが大切です。連絡先に迷ったり、わからないときには居住地の保健所に連絡してください。地域の感染症指定医療機関の受診を勧めてくれます。場合によっては訪問指導にも出向いてくれます。

■受診したら抗ウイルス薬を

プレパンデミックワクチンおよびパンデミックワクチンと並んで、新型インフルエンザの治療効果を期待されているのが、抗ウイルス薬（抗インフルエンザ薬）の投与です。受診した医療施設で、新型インフルエンザと診断されたら抗ウイルス薬の投与を受けてください。

新型インフルエンザに対しては、ノイラミニダーゼ阻害薬が有効と考えられています。これは毎年流行する季節性インフルエンザの治療にも使われる薬であり、経口内服薬のオセルタミビル（商品名タミフル）、経口吸入薬のザナミビル（商品名リレンザ）とラニナミビル（商品名イナビル）、それと点滴薬ラピアクタがあり、国や都道府県単位で備蓄をしています。

投与方法については、厚生労働省の「ガイドライン」で次のようになっています。

❶感染拡大時の治療

発症後48時間以内の服用を原則に、抗ウイルス薬を投与。幼児など服用が難しい場合は吸入薬を選択します。

❷新型インフルエンザ発生時の季節性インフルエンザの治療

高齢者や小児や基礎疾患をもつ人は通常のインフルエンザでも重症化する場合があるので抗ウイルス薬を投与します。

インフルエンザと通常の風邪の違い

インフルエンザと風邪の症状

	インフルエンザ	普通の風邪
原因ウイルス	インフルエンザウイルス	コロナウイルス、アデノウイルス、ライノウイルス
症状の現れかた	全身症状	上気道のみの症状
発熱	高熱（38度以上）	微熱（37～38度）
筋肉痛・関節痛	あり	なし
頭痛	重い	軽い
全身倦怠感	あり	なし
食欲不振	あり	なし
悪寒	高度	軽度
鼻水・鼻づまり	あり（初期は軽い）	あり（初期から重い）
咳・のどの痛み	あり	あり

感染経路をしゃ断する

■ウイルスの感染経路を知る

ウイルスが未感染の個体に到達するルートのことを「感染経路」といいます。

感染症を発症しないためには、病原体となるウイルスとの接触を極力避ければよいわけですが、それにはウイルスの感染ルートについて正確に知っておく必要があります。

病源体ウイルスが、ヒトに到達するルートには、5つありますが、そのうち3つについて説明します。

❶ 経口感染と接触感染

感染者の体液（唾液、血液、リンパ液）に触れることで、手などを介してウイルスが口や粘膜表面から体内に入り込みます。

❷ 飛沫感染

咳・くしゃみ・会話などによって感染者の口から飛び出した唾液の飛沫（ウイルスを含む）が、未感染者の口や鼻から体内に入ります。飛沫は大きさ5μm以上です。

❸ 空気感染

飛沫の水分が蒸発した飛沫核（ウイルス粒子）で、大きさ5μm以下のものが空中を浮遊し、空気の流れによって飛散し、未感染者に感染します。

■飛沫感染が一番リスクが高い

インフルエンザウイルスの場合、この3つ

ウイルスの代表的な感染経路

感染経路	特徴	感染する主なウイルス
経口感染 接触感染	手指、食品、器具などを介して、感染する。口腔や鼻腔、消化器から体内に侵入する。	ノロウイルス、インフルエンザウイルス、アデノウイルス
血液感染	性交時や傷口などから血液や体液によって感染する。	HIV（エイズウイルス）、肝炎ウイルス
母子感染	出産時の産道で血液によって感染。風疹ウイルスは胎盤を通じて胎児に感染する。	HIV、肝炎ウイルス、風疹ウイルス
飛沫感染	咳、くしゃみ、会話などで、唾液の飛沫（5μm以上）により感染する。	インフルエンザウイルス、ムンプスウイルス（おたふく風邪）、風疹ウイルス、アデノウイルス
空気感染	咳、くしゃみなどで飛び出した飛沫の核（ウイルス粒子、5μm以下）が、空中を浮遊して感染する。	麻疹ウイルス、水痘ウイルス、インフルエンザウイルス

のルートで感染の可能性があります。HIVや肝炎ウイルスのように体液による口鼻腔以外の粘膜（性交や出産時など）からの感染はありません。そのかわり手で触るドアノブや便器のフタやタオルなど、ウイルスが付着していそうなさまざまなものに触れた手から口を経て感染する可能性があります。

飛沫感染と空気感染では、飛沫感染が一番可能性が高いのですが、空気中に漂うウイルスを吸い込む空気感染も無視できません。感染者も未感染者も、飛沫を防ぐためのマスク着用は必須です。

インフルエンザとマスク

飛沫からの感染防止と自分の飛沫を他人に感染させないという両面から、外出時はもちろん室内でもマスク着用は欠かせません。

どんなマスクがよいかというと、厚生労働省が推奨するのは「**不織布マスク**」です。繊維を織ることなく、熱的、機械的、化学的処理をして薄いシート状に接着したマスクで、使い捨てです。ガーゼを重ねてつくった「ガーゼマスク」（織布マスク）より網目が小さく、ウイルスを含む飛沫粒子の侵入を防ぐことができます。医療用のサージカルマスクも不織布マスクです。

マスクはできるだけ自分の顔のサイズに合ったものを選び、鼻や口のまわりにすき間ができないように装着します。

●プリーツ型の不織布マスク。
（写真提供：iStock）

インフルエンザウイルスの生存期間

ウイルスは自分だけでは増殖できない存在です。感染相手の体内では増殖できますが、外界にいるときは動けない「物質」のようにふるまいます。ウイルスが破壊されたり、外被膜の突起が変形したりして感染できなくなった状態（不活化）を「死んだ」とみなします。

では、ウイルスの生存期間はどれくらいでしょうか？

インフルエンザウイルスは、高温、高湿度に弱いウイルスです。G. J. Harperらの実験によると、温度32度、湿度50％で23時間後に生存しているウイルス量はゼロでした。同温度で湿度20％の場合はウイルス量が約30分の1になります。温度24度、湿度20％ではウイルス量は約3分の1ですが、湿度を50％に上げるとウイルス量がほとんどゼロになります。湿度の高い環境であれば、インフルエンザウイルスの生存期間は1〜2日とされています。

生存期間はウイルスによって違い、アデノウイルスなどは1か月以上も生き続けます。

■最も重要なのは手を洗うこと

インフルエンザウイルスは、飛沫による感染が最も多いウイルスです。外出中は、さまざまなものに触れるので、ウイルスを含む飛沫が手に付着してしまうことがあります。この飛沫のついた手で無意識に鼻や口に触れることで、ウイルスに感染してしまうケースが多くあります。

もし、手洗いが不十分であったら、自宅に帰ったあとでも感染経路が残ったままになります。最後の感染経路を断つために、手洗いは最も重要な対策なのです。

手洗いは多くの人が日常的に行っていますが、いい加減な方法ではウイルスに対して効果が不十分です。

正しい手の洗い方は、下の図を参考にしてください。水は止めずに、流し続けて洗いましょう。

正しい手洗いを覚えてインフルエンザを予防しよう！

正しい手洗いの方法

❶ 手のひらをよくこすり合わせて洗う。

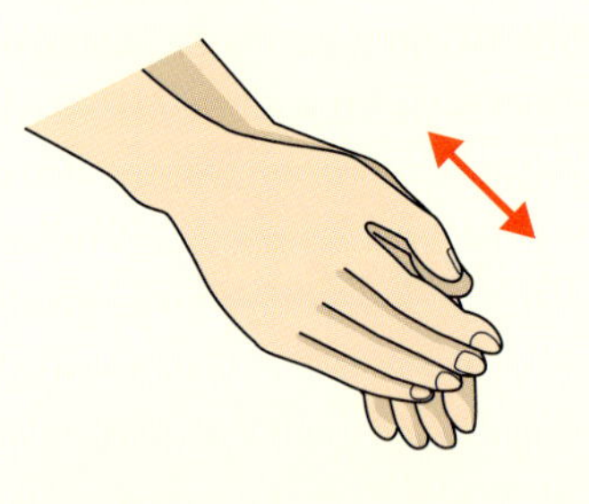

❷ 手の甲を上から手のひらでこするようにして洗う。

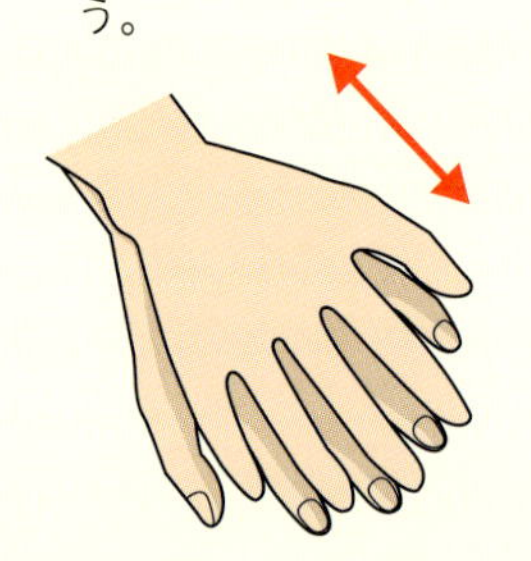

❸ 手のひらに爪を立てて、指先と爪の間をていねいに洗う。

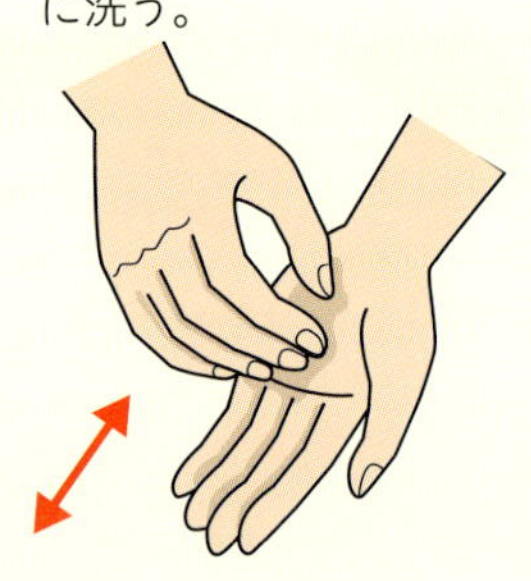

❹ 指と指を組んで、指の間を念入りに洗う。

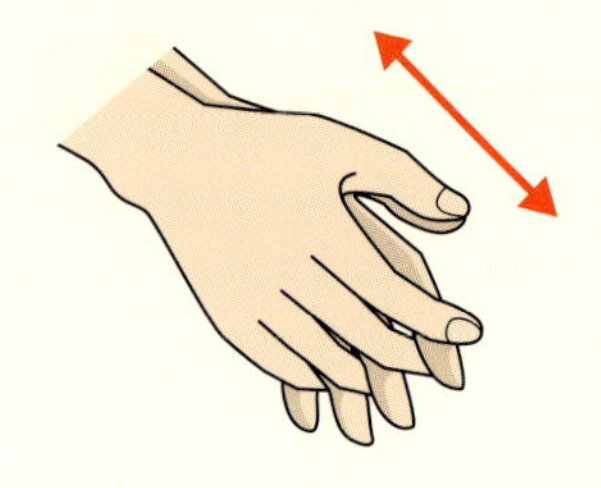

❺ 親指を手のひらでねじりながら洗う。

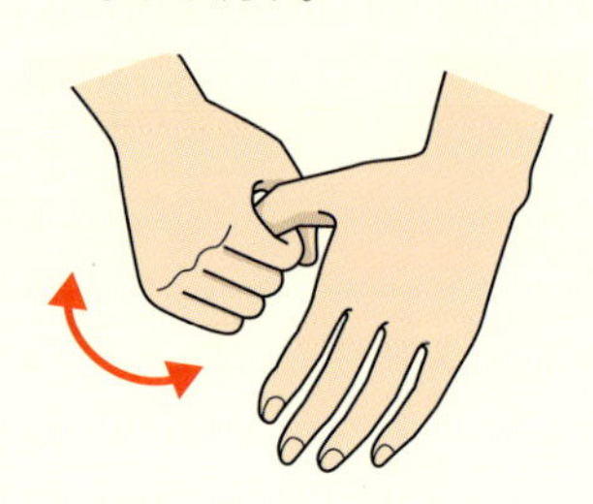

❻ 手首からひじにかけて、忘れずに洗う。

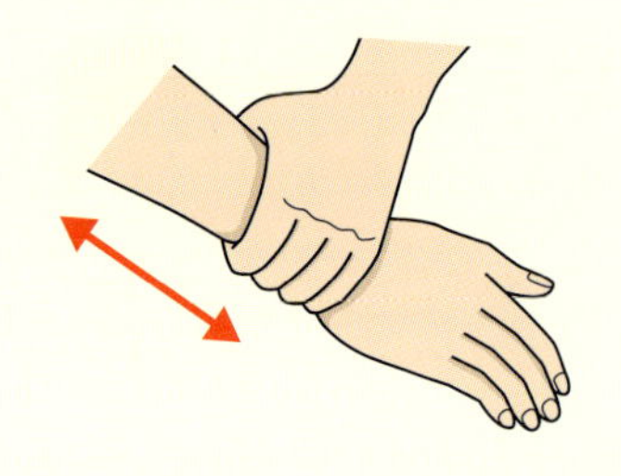

家族が感染したらどうするか？

■家族が注意すること

新型インフルエンザが発生すると、感染が急速に拡大し、医療機関に感染者が押しよせる可能性を否定できません。感染者があふれて医療機関の機能が麻痺することのないように、厚生労働省の『新型インフルエンザ等対策ガイドライン』では重症者は入院、軽症者は在宅療養に振り分けることになっています。

このため、感染した家族を自宅で看病せざるをえない家庭も多くなるでしょう。

やっかいなことに新型インフルエンザは、家族が同時に感染するケースが非常に多い病気です。これは新型ウイルスのため、家族の誰にも免疫力がないからです。少し対応を誤ると、家族全員が病に伏すということになりかねません。こうした事態を防ぐ意味でも、感染者を自宅で看病する場合には、細心の注意が必要です。

■看病の心得

まず、感染者はもちろん非感染の家族も、日常のマスク着用が原則です。複数の部屋があれば、感染した家族専用の部屋を設けて非感染の家族から隔離します。

感染者の部屋に入って何らかの看護行為をする際には、マスク、ゴムもしくはビニールの薄手手袋を着用します。マスクと手袋は使い捨てを利用し、一回ごとにビニール袋に入れ、口をしばって密封してから捨てるようにしましょう。

感染者もマスクを外しているときに咳やくしゃみをするときは、手を口にあて、唾液の飛沫核を拡散させないようにします。

感染者がいる部屋には、大量のインフルエンザウイルスが漂っていると考えましょう。

インフルエンザ患者への対応
定期的に部屋の換気を行う
部屋は患者専用にする
患者にはマスクを着用させる
水分補給のため
枕元に飲み物を置く

部屋のなかのウイルス濃度を下げるためにも1日に数回、窓を開放するなどして定期的に部屋の換気をしましょう。

痰・鼻水など感染者の呼吸器官から出たものには、ウイルスが大量に含まれているので、直接触れてはいけません。ゴムもしくはビニール手袋を着用したうえで始末します。

■洗濯は感染者と分けて

洗濯にも細かい配慮が必要です。まず、感染者の使った寝具を洗濯機まで運ぶ際には「静かに」が原則。これは寝具についているウイルスをまき散らさないためです。感染者の衣服も同様です。

洗濯は感染者と非感染者のものを分けて行ったほうがよいでしょう。汚物の付着した下着類はもちろん、普通の衣服にもウイルスが付着していますが、インフルエンザウイルスは洗い流せばOKです。

ただし、ノロウイルスのような場合は消毒してから洗います。消毒には塩素系の漂白剤を薄めたものを使います。酸素系漂白剤では消毒できないので注意してください。

■消毒はこまめに

家のなかはこまめに消毒しましょう。トイレ、ふろ場、リビング、台所……。

インフルエンザウイルスにはアルコール消毒が有効です。そのほかのウイルスも含めて消毒するとなると、「ハイター」「ピューラックス」「ブリーチ」といった市販の塩素系漂白剤がお勧めです。塩素系漂白剤には、ウイルスを不活性化する次亜塩酸ナトリウムが含まれていて、インフルエンザウイルスのほか、ノロウイルス、ポリオウイルスなど多くのウイルスに効果があります。濃度や使い方は各製品に記された使用法に従ってください。

■感染者の体温を管理する

新型インフルエンザは高熱を伴うので、感

ウイルスと消毒の効果

ウイルスの基本構造は、遺伝子（DNAまたはRNA）とそれを保護するタンパク質の殻（カプシド）とその殻を包む外被膜（エンベロープ）からできています。なかには殻と遺伝子だけのウイルスもいます。

インフルエンザウイルスは、外被膜に包まれたウイルスです。外被膜は脂質二重膜でできているため、膜の脂質がアルコールなどの消毒液に溶けてしまい、膜が壊れて感染力を失います（死滅）。インフルエンザウイルスは消毒には意外と弱いウイルスです。

外被膜があり、アルコール消毒に弱いウイルスは、ほかに麻疹ウイルス、ヘルペスウイルス、エボラウイルスなどがあります。

外被膜のない殻だけのウイルスは小型の球形ウイルスで、ノロウイルス、ポリオウイルスなどがあります。

ノロウイルスにはアルコール消毒が効かないので、殺菌作用の強い次亜塩素酸ナトリウムを使います。次亜塩素酸ナトリウムはその強い酸化力により細菌の細胞壁を壊したり、ウイルスの殻のタンパク質を変性させて死滅させます。

染者の体温管理には特に注意しましょう。1日数回、だいたい6時間おきに検温をするのがベストです。安静状態で熱が下がればよいのですが、なかなか解熱しないときは、氷枕や保冷用品に加えて解熱剤を服用し、38度以下に保ちたいものです。

ただし、感染者が15歳未満の小児の場合には注意が必要です。アスピリンの成分が入っている解熱剤の安易な使用は、ライ症候群を起こす可能性が強いためです。なかなか解熱しない場合は、往診の医師や薬剤師に相談したほうがよいでしょう。

感染者が発熱で暑がっているときは、濡れたタオルや保冷剤などで脇の下や足の付け根といった太い血管の通っている場所を冷やすと効果的です。反対に悪寒を訴えたり、手足が冷えているときなどは、毛布をかける、重ね着させるなどして温めます。

ライ症候群とは

インフルエンザウイルスなどに感染した後、小児がアスピリンを服用すると、急性脳症や肝機能障害（脂肪浸潤）を起こし、ときに生命に関わる重篤な症状を引き起こすことがあります。原因はいまだ不明。「ライ」とは病気の発見者の医師の名が由来で、「らい病」とは関係ありません。

治療としては、原因を断つ根治療法ではなく、症状を軽減させる対症療法（支持療法）が行われます。脳症に対しては、頭蓋内脳圧を下げるようにコントロールします。肝機能障害に対しては、代謝異常を抑える薬剤投与や血液透析、交換輸血などが行われます。

■水分補給と食事

水分の補給と食事にもきめ細かい対応が必要になります。まず、水分を補給します。新型インフルエンザウイルスに冒されると、激しい発熱と下痢を起こす場合もあるため、感染者は脱水症状を併発します。このため十分な水分補給が必要になります。

成人の体外への水分排出量は、汗や尿、体から蒸発する分を含め、1日約2.5リットルです。体内でつくられる水分（代謝水0.3リットル）を引くと、補給すべき水分の量は汗の量や体格などによって相違がありますが、目安としては体重60kgの人で2.2リットルです。

このうち食べ物から得られる水分を1リットルとすると、飲水としては約1.2リットルが必要です。食事が十分とれないときは、飲水で2リットル近く必要になります。

15歳以下の小児は特に脱水症状に陥りやすいので、成人以上にこまめな水分補給が必要です。水、スポーツドリンク、ジュース、麦茶など、なんでも構いません。1日コップ8～10杯を目安にしてください。

次いで食事です。感染した人は総じて胃腸が弱っているので、消化吸収のよい食べ物を選ぶようにします。おかゆや雑炊からはじめ、食物繊維の多い野菜は控え、栄養価の高いメニューを用意しましょう。卵や牛乳、チーズ、バターを使った料理がお勧めです。

また、感染者は外出を控えたほうが望ましいので、国は食料の備蓄を推奨しています。

おわりに
人類はウイルスとどう向き合うか

■無数に存在するウイルス

1892年、ロシアのイワノフスキーがモザイク病のタバコの葉から細菌より小さい病原体の存在を発見し、さらに1898年オランダのベイエリンクが、同じ病原体（タバコモザイクウイルスのこと）の存在を実験で確認し、「ウイルス」と名づけました。人類がウイルスを発見してから100年以上が過ぎましたが、ウイルスの謎がすべて解明されたわけではありません。

ウイルスは、私たちがよく知っている地球上の生物とはまるで違います。細菌も植物も昆虫も動物もすべて細胞をもつ生命体ですが、ウイルスは細胞をもたない特殊な生命体であり、これまで見てきたとおり、他の生物の細胞に感染し、増殖することでしか生き続けることができません。

地球上の海、陸、地中のどこにでも、無数といっていいほどのウイルスが存在しています。それは生物の体の中、細菌からヒトまであらゆる生物の細胞の中にも、潜んでいるのです。

こういう生命体と、いったい人類はどう向き合えばいいのでしょうか。

■ウイルスとどう戦うか

本書で扱ってきたのは、ヒトに対して「有害」なウイルス、病原体としてのウイルスでした。病原体と戦うということは、予防法と治療法を確立するということです。予防法はワクチンであり、治療法は抗ウイルス薬です。

戦いの勝ち負けでいえば、人類がウイルスに勝った例は、天然痘ウイルスと家畜の感染症である牛疫ウイルスの2例しかありません。

天然痘ウイルスはヒトへの感染者が一人もいなくなったことで、もはや自然界には存在せず、研究用として研究室にのみ厳重に管理されて存在しています。家畜に感染する牛疫ウイルスも同様です。

エイズを起こすHIV（ヒト免疫不全ウイルス）に対しては、抗ウイルス薬の開発が大きな変化をもたらしました。エイズが致死的だったのは、HIVが免疫細胞に感染し、免疫システムを破壊させて人体が無防備状態になったところにさまざまな病原微生物が感染し、重篤な感染症を引き起こすためでした。抗ウイルス薬がHIVの増殖を阻害するために、感染者が長く生き延びられるようになったのです。

●WHOが撲滅をめざすポリオのワクチン接種を受けるパキスタンの子供たち。（写真提供：Sanofi Pasteur）

東京大学医科学研究所感染・免疫部門ウイルス感染分野教授
河岡 義裕

以前は「小児麻痺」と呼ばれた麻痺症状を引き起こすポリオウイルスに対しては、ワクチン接種がその対策です。抗ウイルス薬はありません。WHOは「ポリオ根絶決議」を行い、全世界でワクチン接種を奨励し実行しています。ポリオウイルスは、ヒトだけを宿主生物として感染します。ヒトに感染者がいなくなれば天然痘と同じように撲滅可能です。近い将来、実現するかもしれません。

■パンデミックへの対策は?

パンデミックの危険性を伴うインフルエンザウイルスに対してはどうでしょうか。

インフルエンザウイルスの怖さは、遺伝子変異が頻繁に起こるところです。鳥、ヒト、豚に複数のウイルスが感染し、遺伝子が混ざり合い（遺伝子再集合）、まったく新しい未知のウイルスが誕生する可能性が、つねにあるからです。

未知のウイルスにワクチンはつくれません。そのため予防方法がきわめて難しいのです。できることは、ウイルスの感染状況の監視と、どんなウイルスが近い将来流行しそうなのかを予測し、そのウイルスの変異に合致するワクチンを製造することです。予測通りであればワクチンでパンデミックを未然に防げます。実際にこうした努力は世界中で続けられています。

■もっと広い視野からウイルス研究を

目を転じて、もっと広い視野からウイルスを眺めてみたらどうなるでしょう。

今まではウイルスを病原体としてとらえ、ヒトに「有害」な面ばかり言及してきました。しかし、ヒトに感染しても「無害」なウイルスも存在しますし、そのなかにはヒトに役立つウイルスもいると考えられるのです。

風邪の原因となるアデノウイルスの一種でほとんど病原性のないウイルスが、子宮頸がんや乳がんのがん細胞を破壊したという報告があります。ウイルスには、細胞のもつ特定のレセプターに結合して感染するという性質があります。ウイルスのなかには、がん細胞に特有のレセプターに結合する種類が存在し、感染したがん細胞を破壊すると推測されるのです。

こうした研究報告を受けて、がんに対するウイルス療法の研究が盛んになってきているのです。

また、病原性ウイルスを攻撃する変わったウイルスも研究されています。GBウイルスC（GBV-C）に感染しているエイズ患者では、症状の進行が抑えられているという報告があります。このウイルスは、肝炎ウイルスの一種とされていますが、肝炎を発症させることはなく、エイズのHIVの増殖を妨害していると推測されています。

ウイルスはまだ謎ばかりです。ウイルスが遺伝子の運び屋として、生物の進化に大きく関わっているのではないか、ともいわれています。ウイルスの役割は想像以上に広いのかもしれません。ウイルスを撲滅しようとするのではなく、人類がウイルスを利用して、よりよい社会を築くという試みも行われています。

索引

和文

欧文

MINERVA Excellent Series
刊行のことば

新しい時代の要請に合致した本格的な教養書は可能か――そんな読者の声に応えて創刊されるのが、このシリーズである。というのも、いま「本」との出会いがスマホや電子書籍などデジタル時代の到来によって劇的に変わろうとしているからである。

たしかにボタンひとつでどのような情報も手に入るのだから便利このうえない世の中になった、といえよう。しかし、何かが違う、そうした違和感を覚える読者が意外にも多い。本来求めているものは、そんな安直なものではないはずである。

このシリーズは〈サイエンス〉〈心理〉〈福祉〉〈歴史〉という四つのジャンルによって構成される。もっともこれらによって現代の問題の大部分は集約できると考えられるからである。

現代という複雑怪奇な時代のなかで、われわれはどう生きるべきか、解決を迫られる今日的課題にどう対応すべきか――。日々模索を続ける読者に具体的なノウハウ（知恵）を提供するものでありたい、そう考えてこのシリーズを始める。

斯界の第一人者による監修によって若い人からお年寄りまで世代を問わず、体系的な知識と問題解決のための指針が得られるシリーズでありたい。

〔見る〕オールカラーの図版や写真・イラストでわかりやすく解説され、
〔読む〕断片的な知識の羅列ではなく総合的・体系的な知識が獲得でき、
〔知る〕書斎のなかでの教養にとどまらず暮らしに役立つ生きた知識が身につく、

という特色をもつこのシリーズは図鑑としての特性を最大限に活かし、「書物」のおもしろさと素晴らしさを兼ね備え、たんに見て楽しむだけではなく知的好奇心を満たすとともに、困難な時代を生き抜くための本格的な教養書として編集される。そして、読者にこの本に出会えてよかった、と喜んでもらえるシリーズにしたいと考えている。

2017年10月

ミネルヴァ書房

［監修者紹介］

河岡義裕（かわおか　よしひろ）

東京大学医科学研究所感染・免疫部門ウイルス感染分野教授。同感染症国際研究センター長。1978年北海道大学獣医学部卒業。鳥取大学農学部助手、米国セント・ジュード・チルドレンズ・リサーチ・ホスピタル教授研究員、米国ウィスコンシン大学獣医学部教授を経て、現職。2006年インフルエンザウイルスの先駆的研究でロベルト・コッホ賞受賞、ほかに紫綬褒章、日本学士院賞など。インフルエンザウイルスのほか、エボラウイルスの研究でも国際的に知られるウイルス学者。

今井正樹（いまい　まさき）

東京大学医科学研究所感染・免疫部門ウイルス感染分野准教授。1999年北海道大学大学院獣医学研究科博士課程修了。国立感染症研究所インフルエンザウイルス研究センター主任研究官、岩手大学農学部共同獣医学科准教授を経て、2015年より現職。

［編集］
株式会社 桂樹社グループ

［執筆協力］
小島強一・西田圭一・原遥平

［イラスト］
卯坂亮子・寺平京子・矢寿ひろお

［本文レイアウト組版・図版制作］
バベット

［装丁］
松村紗恵・呉玲奈（株式会社 プラメイク）

MINERVA Excellent Series ②
サイエンス NOW！
猛威をふるう「ウイルス・感染症」に
どう立ち向かうのか

2018年2月28日　初版第1刷発行　〈検印省略〉

定価はカバーに
表示しています

監修者　河岡義裕
　　　　今井正樹
発行者　杉田啓三
印刷者　和田和二

発行所　株式会社　ミネルヴァ書房
607-8494　京都市山科区日ノ岡堤谷町1
電話代表（075）581－5191
振替口座 01020－0－8076

平河工業社

ISBN978-4-623-08081-6

Printed in Japan